從管理小白到領導大神

小小主管心很累！

不背鍋、不吃虧、不好欺負，小上司也要硬起來

楊仕昇，劉巨得　著

做個受人愛戴的小主管

從自我管理到團隊協作，
全面提升效能，實現卓越領導！

基層管理、團隊合作、人才培養、人際關係

從形象塑造到團隊協作，打造你的管理風格！

目錄

Contents

第六章 將員工團結起來

第七章 協調好人際關係

Contents

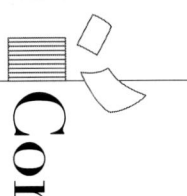

前言

提起基層管理工作，大家首先想到的一定是從早忙到半夜的情景，基層管理者的工作可用一個字來形容，那就是「忙」。基層管理處在企業管理網路的末端，負有一定的管理責任。他們有某個「頭銜」，又跟普通員工一樣承擔具體的工作或勞動任務，無論在身分上還是待遇上，他們都是最接近普通員工的一批管理者。

企業基層的每一個優秀管理者都是解決問題的專家。他們在每天的工作中展現出來的是胸有成竹、自信十足的風範，他們面對不可預期的困難總是從容不迫、幹勁十足。他們從來都不抱怨遇到的困難，總能想出解決問題的方法。

基層管理者在企業中作為承上啟下的橋梁，扮演著舉足輕重的作用，是企業的中堅力量。一個企業能否正常穩定的運行發展關鍵在於基層管理團隊，基層管理者的團隊就像一座高樓大廈的地基，肩負使命，責任重大。

他們的主要職責是傳達上級計畫、指示，直接分配每一個員工的工作任務，隨時協調員工的活動，控制工作進度，解答員工提出的問題，反映員工的要求。他們工作成果的好壞，直接關係到企業計畫能否落實，目標能否實現，所以，基層管理者在企業中有著十分重要的作用。因為基層管理是企業一切工作的立足點，是企業管理的基石，企業所有的管理目標、管理文化、企業的發展策略、發展方向最終都要落實到每一個基層組織。企業的執行力要在各基層組織中展現，企業的效益要通過各基層組織實現。

作為一名基層管理者，想帶好一個團隊必須以身作則，做好自我約束，自我管理，扮演表率作用。正人先正己，其身正，不令而行；其身不正，雖令而不行。優良的職業素養不僅使我們能更好的完成工作，而且能感染周圍的人自發自覺的去把工作做好，能帶動一個團隊往好的方面發展。最終養成良好的習慣，形成一種優秀的團隊文化，也成為企業文化中的一個優點。

基層管理者最重要的，是擁有高度的責任心和使命感。責任使我們正確的對待工作，對待周圍的一切。使命是我們奮鬥的動力，是我們展現價值的源泉。人可以平凡，但不可以平庸；容許犯錯，但不容許沒有責任心。這是做好任何工作的先決條件，一個不負責任的管理者，不但自己做不好工作，而且還能把整個團隊帶成一盤散沙。

基層管理者要懂得管理藝術，並把管理藝術靈活的運用到工作之中。針對不同的人，要施以不同的管理方法，但必須以規章制度為準繩。在規章制度面前人人平等，各項規章制度是我們做好工作的鐵則。在管理中也要剛柔相濟，以人為本，大事講原則，小事看人情，對事不對人，展現一種人文的關懷。這樣，就靈活的運用了管理藝術，既提升了整個團隊的凝聚力和戰鬥力，又使團隊不失和諧的氛圍。

基層管理者不僅要懂管理，還要擁有精湛的專業技術。精湛的專業技術是我們做好工作的基本保障，我們不但會做而且還要會培養人才。我們的目標不是自己一個人會做，不是一個人做得好，而是大家都會做，整個團隊做得更優秀。做到人盡其才，物盡其用，同時在工作中我們要合理的制定計畫，做好統籌安排。

本書的目的，就是為基層管理者提供一個對基層管理分析和創造的思路，掌握了它，你就會少繞遠路，就可以經由科學管理獲取時間、效益。

作為基層管理的第一線管理者，除了有分析問題和解決問題的思路和方法外，還需要有領導的膽識、肚量，指揮的藝術和上司相處的技巧，善待自己的下屬，協調好人際關係，讓員工團結一致。本書針對基層管理的重要地位和基層管理者的工作特點，詳細介紹了基層管理者應具備的綜合能力，解決問題的思路和方法，提供了具操作性和引導性的工作方法。

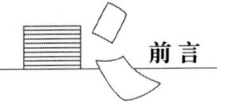

第一章 基層管理者必備的素養

作為企業的一名基層管理者，你是各項工作落實到位的橋梁，處於上下級之間，是各合作部門和基層員工的交匯點，要協調好多種關係，化解各種矛盾，促進各方面關係的和諧。所以，基層管理者應德才兼備，有相應業務、管理等方面的能力。

擁有足夠的知識累積

對競爭日益激烈的企業來說，基層管理者的水準直接影響企業發展。作為一名基層管理者，應該明白：基層管理工作是企業管理的重要組成部分。做好基層管理對於打造一支執行力很強的員工隊伍，掌握企業的生產經營管理，增強企業發展動力，實現持續發展有關鍵性的重要意義。那麼，怎樣才能當好基層管理者呢？俗話說：「有了金剛鑽才攬瓷器活」，想做好基層管理工作，你必須具備必要的素養，那就是擁有足夠的知識累積。

從進入某製藥公司那天起，何俊就勤奮工作努力學習，逐漸從工廠技術人員晉升為工廠基層管理人員，在每一個工作職位上他都學到了很多東西，每一個工作職位都讓他有很深的體會，深深的體會到做基層管理的重要性和強烈的責任感，體會更深的是如何成為一名有想法的基層管理者。

作為一個基層管理人員，何俊覺得首先要確立自己的心態和態度，知道自己在工作中扮演的角色。知道自己既是管理者，又是執行者。既是指揮員又是戰鬥員，明確自己在工作中的任務：做好與原料倉庫和成品倉庫的溝通，控制成本提高效率，領導和激勵基層員工，合理的分配任務，給他們應有的獎懲，在工作和實踐中提高自己的業務管理水準，提高理解上級指令、分配工作任務的能力、解決問題的能力、良好的溝通和協調能力。

基層管理者要有自信，自信才有源源不斷的動力去堅持把工作做好。何俊也深深知道，工廠基層管理相對於做技術和品質管制，在人、事管理方面要廣得多，對工廠管理的掌握更要到位。同時也深深的感到：管理關鍵是管人。產品是員工做出來的，多留意員工，對員工的管理到位，就從根本上保證了產品的品質與生產的高效能。

在工作中，何俊時刻留意員工的想法變化，及時做好員工管理與激勵，提高凝聚力和工作效率。能者發揮所長，健者不遺餘力。為加強工廠內部管理，提升管理效益，提高員工工作效率和設備利用率，何俊決心把員工培養成各個工作任務的專家，並且努力做到知人善用，讓每位員工都在最適合的工作職位工作。不僅要讓每個員工明白如何高效率的完成各自的分內工作，並且要教會他們如何鑒別產品品質。特別是作為製藥行業的基層管理者，何俊更深深的知道肩頭的擔子有多重，產品品質是生產中的關鍵。

基層管理者應具備足夠的基礎知識，如果沒有專業的技能和基本的知識是無法指導員工開展工作的。一個沒有知識的管理者是沒有威信和說服力的。如果你沒有實際操作經驗，如何能合理化安排員工的工作內容呢？如何在工作中去培訓新員工的操作能力呢？沒有方法技能、沒有工作流程的話，員工的工作能做好嗎？如果基層管理者出現失誤，那麼整個組織就會跟著一起失誤。當你面對那麼多具備專業知識的辦公人員和電器化辦公設備，如沒有專業化的實際操作技能，其後果大家可想而知。因此作為一名基層管理者，必須要有專業的理論知識。

美國前總統柯林頓很上進，真正是為了工作而工作。在經濟學領域，幾乎所有的總統都是一知半解，他們也並不想學習更多的知識，而是招募一批總體經濟學家、華爾街金融界資深專家以及前任的執行長們組成一個智囊團，然後隨時徵求他們的意見。柯林頓的政府也擁有一支一流的隊伍，但他對此並不滿足，他還親自了解建議背後那些紛繁複雜的事情。因為耶魯的教育讓他深知，在每個行業中，只有精益求精的人才能向上提升。他非常樂於一頭栽進那滿是資料和術語的叢林，自己開闢出一條通往彼岸的路來。只有這樣所做出的結論，他才感到是可靠的。

柯林頓剛上任選總統時，對電腦是怎麼一回事還一竅不通，但是現在他不僅了解了所有關於矽谷的情況，而且他還清楚的知道知識技術如何使經濟發生翻天覆地的變化。在他總統任期將盡的時候，他經常發表關於知識和技術的精彩演講。從柯林頓提出的教育議案、衛生健康計畫、城市事務提案中，內閣們發現柯林頓對於這些領域了解的程度即使不在他們之上，也絕不亞於他們所知道的內容。有了這些人的參謀和自己的不斷努力，柯林頓終於建立起自己深厚的知識功底。

對一個政府來說是這樣，對一家公司來說也是如此，即使是一名基層管理者，擁有足夠的知識對做好任何工作而言都是必須的。有知識未必是合格的基層管理者，但是，沒有知識一定不能成為合格的管理者。因此，基層管理者必須具備一定的生產、技術、管理及文化理論知識。基層管理者直接面對生產、技術和管理的具體工作，如果沒有足夠的知識累積，必然會脫離實際，也就會出現盲目指揮的局面。

基層管理者既是管理者，同時又肩負了具體的工作和事務，所以個人堅強的業務能力和素養是在組織中「讓人心服口服」的前提。

作為一名基層管理者，必須懂得一些管理方法。不同的管理者因涵養、人格、認知等不同，有不同的管理模式，有的是從理論書籍中學來的，在實踐中得到有效的應用；有的是自己在長期的管理工作中不斷探討、摸索、總結出來的。這些管理法則不管是借來的還是自己的，都能在基層管理中幫助你取得很好的績效。

管理知識的累積不是一朝一夕的事情。從無到有到應用再到收效是天長日久的累積。會遇到許多的問題和難題，走許多的彎路，但最後努力的結果是不斷提升的看得的績效。一個成熟的基層管理者，必須具備這些知識。

具備自制和約束能力

基層管理者的心情好壞不僅會影響到管理工作，還影響到員工的情緒，基層管理者必須要有較強的情緒控制能力。要清醒、冷靜、理智的對待和處理各種事情，控制自己的情緒，避免出現情緒波動的狀況，約束自己不當或不良的行為，做到自律。

蘇洵在《心術》一文中曾寫道：「為將之道，當先治心。泰山崩於前而色不變，麋鹿興於左而目不瞬，然後可以制利害，可以待敵。」作為一名將領，必須控制好自己的「心」，即使泰山在面前崩塌，或者麋鹿突然從旁邊躍出，仍然保持從容鎮定，這樣才能談得上控制戰場局面，取得最後的勝利。

前秦皇帝苻堅率領著號稱百萬的大軍南下，志在吞滅東晉，統一天下。當時東晉的軍隊數量遠遠比不上前秦，東晉首都建康一片驚恐。丞相謝安認為，敵我兵力雖然懸殊，可是敵軍孤軍深入，內部矛盾重重，戰鬥力並不太強，東晉以少勝多絕對是可能的。他鎮定自若，以征討大都督的身分負責軍事，並派了謝石、謝玄、謝琰和桓伊等人率兵八萬前去抵禦。

謝玄心裡沒底，出發之前向謝安詢問對策，謝安只回答了一句：「我已經安排好了。」便絕口不談軍事。謝玄還是放心不下，又讓張玄去打聽。謝安仍然閉口不談軍事，卻拖著他下圍棋。張玄的棋藝本來遠在謝安之上，但此時兵臨晉境，張玄沉不住氣，謝安則神氣安然，結果張玄輸在謝安的手裡。

後來，東晉軍隊利用前秦軍心不穩的弱點，在淝水之戰中以少勝多、大敗敵軍。當捷報送到時，謝安正在與客人下棋。他看完捷報，便放在座位旁，不動聲色的繼續下棋。客人憋不住問他，謝安淡淡的說，沒什麼，「小兒輩大破賊。」（因為謝玄等是謝安的子姪輩）直到下完了棋，客人告辭以後，謝安才抑制不住心頭的喜悅，進屋的時候，把木屐底上的屐齒都碰斷了也沒發覺。

謝安不是木頭人，他也有思想感情，但在強敵壓境的危急關頭，不害怕、不緊張是不可能的。但是，放縱自己的情緒無濟於事，只有保持冷靜才能作出正確的判斷。謝安的高明之處是把情緒控制在合理的範圍，所以才取得了成功，在亂世之中既保全了自己，又保護了國家。戰場如此，基層管理者在工作中不管遇到什麼事情，都應當從容行事，不能自己亂了陣腳。

作為一名基層管理者，你的情緒會影響到你的員工，所以，你必須要有很強的情緒控制能力。要控制好自己的情緒和約束自己不良的行為，避免出現一會晴天一會下雨的狀況，心情的好壞都掛在臉上，讓員工無法信任。

于向東是某家具公司的銷售主管，儘管偶爾會對員工發點脾氣，但他並非一個脾氣暴躁的基層管理者。不過，前些日子的某一天亂發脾氣，至今都讓他深感懊悔，並引以為戒。那一天一大早，于向東就因為要多給老家的父母一點錢，和老婆吵了一架，心情很差。摔門而出後，一路上總覺得什麼都不順眼。帶著滿腔怨氣，來到了辦公室，就見銷售部的竇天勇和幾個員工聚在一起有說有笑。

于向東的脾氣因此一觸即發。「竇天勇，公司請你來做事，還是請你來講笑話的？」平常都叫老弟，現在是直呼其名，語氣嚴厲。「老大，我是在和大家討論我們今天的工作。」竇天勇委屈的辯解，和幾個同事們一起用不明就裡的眼光看著于向東，都覺得今天的于向東簡直就是莫名其妙。「老大？什麼老大？你以為這裡是黑社會啊？」于向東對著竇天勇越吼越兇。自己在外面累死累活的擴展業務、做公關，在公司還要受這樣的怨氣。竇天勇最後實在受不了了，就和于向東爭吵了起來。後來，竇天勇一氣之下辭了職，帶走幾個公司的大客戶投奔到了競爭對手的門下，處處與于向東的公司作對。

一個稱職的基層管理者應該有很強的情緒控制能力。當你情緒不好的時候，不會有員工來向你匯報工作，因為擔心你的壞情緒會影響到對他工作的評價。一個基層管理者情緒的好壞，甚至可以影響到整個組織的氣氛。從一定程度上來說，當你成為一個基層管理者的時候，你的情緒已經不只是自己的事情了，它還會影響到下屬的行為。當你在批評一個員工時，也要控制自己的情緒，盡量避免讓他感覺到你的不滿。另外，有些優秀的基層管理者善於使用生氣來進行批評。這種批評方式可能言語不多，但效果十分明顯，特別適用於屢教不改、沒有自覺的員工。這種生氣與情緒失控不同，它是故意的，情緒處於可控狀態。

一天，陸軍部長史坦頓到林肯那裡，氣呼呼的對他說一位少將用侮辱的話指責他偏袒一些人。林肯建議斯坦頓寫一封內容尖刻的信回敬那傢伙。「可以狠狠的罵他一頓。」林肯說。史坦頓立刻寫了一封措辭強烈的信，然後拿給總統看。「對了，對了。」林肯高聲叫好，「要的就是這個！好好訓他一頓，寫得太好了，史坦頓。」但是當史坦頓把信摺好裝進信封裡時，林肯卻叫住他，問道：「你幹什麼？」「寄出去呀。」史坦頓有些莫名其妙了。「不要胡鬧。」林肯大聲說，「這封信不能發，快把它扔到爐子裡去。凡是生氣時寫的信，我都是這麼處理的。這封信寫得好，寫的時候你已經解了氣，現在感覺好多了吧，那麼就請你把它燒掉，再寫第二封信吧。」

管理好員工的前提是管理好自己，組織行為學上稱之為「自我監控能力」。上文中林肯控制情緒的方式不失為培養自我監控能力的一條有效途徑。

當你的情緒衝動時，你要告誡自己，工作之外的人和事所帶來的壞情緒，只能存在辦公室的大門之外。一旦心裡面憋滿了氣，一到辦公室門口，嘗試來次深呼吸，告訴自己：現在是工作的時間，那些該死的事到此為止。常常提醒自己，員工不是用來罵的，是來為公司工作的，況且還有比發脾氣更能解決問題的辦法。所以，即使被自己的上司、被一幫股東罵得直冒火，即使在客戶那裡剛剛發生過激烈的爭吵，自己也盡量不要鐵青著臉，見著員工就吼。擔心還是會失控，怎麼辦？衝進洗手間，用冷水洗把臉，受到冷的刺激更利於自己靜下來。

擁有主人翁意識

戰國時期，幫助鄭國守城的秦國將領杞子送密信給秦穆公說：「鄭國派我掌管國都北門，你祕密派兵來，我做內應，鄭國馬上就成我們的了。」於是秦軍毫無顧忌的經過周朝的京城洛陽，到了滑國境內。鄭國商人弦高到洛陽去做買賣，在滑國遇見了秦軍，他急中生智，當即假裝作鄭國的使者，拿出四張熟牛皮，加上十二頭牛，口頭上說代表鄭國來慰勞秦軍。並且婉轉的發出警告，迅速派人向鄭國報信。鄭穆公接到消息，大吃一驚，連忙去察看秦國駐軍的動靜，只見他們個個都已磨好了兵器，餵飽了馬匹，只等動手了。穆公馬上派大夫皇武子前往委婉辭退了秦國將領。秦兵偷襲不成只好停止東進，黯然回國。

別以為弦高只是一個小商人，他的主人翁精神還是很濃的，他的精神歷經世事變遷、朝代更迭仍讓人們為之感動、欽佩。因此，主人翁精神就是識大體顧大局的集體榮譽感。不為一己私利耽誤工作，不為一時私念誤國誤民、貪贓枉法、徇私舞弊。在祖國臨危之際，弦高不顧財產損失及生命安危，假冒使者採取一系列救國之策，因為他懂得唇亡齒寒的道理，因為他有識大體顧大局的氣概。

基層管理者的主人翁意識，並不是把自己當成企業的主人這麼簡單，而是以一種與公司同進退的感覺，去做好每一件事情，面對每一個員工，在你每一個成功或者失敗的經驗裡，展現出企業以及你個人的這種共同精神氣質。

珠海格力電器公司董事長董明珠在她的《棋行天下》提到：當她被公司派到安徽擔任銷售員的時候，碰到的第一件事情是，前任銷售人員所遺留下來的一筆欠款未追回。本來她可以不去理會這筆欠款，重新開拓屬於自己的業績，但她還是決定要把欠款收回來。這就是我們常常講的主人翁精神，具有這種精神的人，她的個人利益和公司利益是一致的。董明珠就是這樣的員工，她在緊要關頭選擇了一件看似比較難，但卻是非常正確的事情。如果當初她不去追討欠款，公司也不會讓她負這個責任。可是在這一關頭，她選擇了去解決她前任遺留下來的問題，而這樣的一個念頭，展開了她作為一名專業銷售員傑出的旅程，雖然這條道路充滿各種困難，但這條道路卻是一直上升的。

她描述了四十幾天中討債的痛苦過程，「經過四十天的鬥智鬥勇，終於追回了屬於我們的貨物。貨裝上了車後，我從車窗探出頭，含著淚水朝他大叫一聲『從今以後，再不和你做生意了！』」這使她下定決心，以後不要再經歷這種過程，所以後來她就採用了「現金交易」的方式。除了積極拜訪經銷商之外，她還和他們一起站櫃，把公司的產品推銷出去，讓經銷商可以感受到她的誠意、她服務的熱忱和踏實的做法。終於，她一步一步的在安徽打響了知名度，不但幫公司獲得很堅實的銷售業績，也使她在經銷商圈子裡獲得了很好的口碑。後來證明她的這種做法是很有遠見性的。

比爾蓋茲曾經說過：「在微軟，員工和公司的前途是緊緊連在一起的，微軟人有著強烈的主人翁意識，讓他們對任何事情都是為公司著想，全力以赴。正是微軟人具有這種主人翁精神，微軟有著這樣為企業著想的員工，今天的微軟才會有這樣的不凡。」

作為公司的基層管理者，需要充分發揮主人翁的精神。在工作中積極思考，靈活應變，具有「企興我榮，企衰我恥」這種意識。

最初以電腦周邊產品為業務重心，並逐漸擴展至光電、通訊以及數位多媒體領域的明碁公司在更換成 BenQ 品牌的時候，公司所有員工都在為更換品牌的事情忙碌，而更換品牌的花費也非常高。公司有七、八十塊招牌一起更換，有一天，品牌更換計畫的負責人王斐認為有一筆三萬元的經費可以省下來，因為七十幾塊招牌大小都不一樣，本來是要找廣告公司來做出七十多種圖案設計，要花三萬元，但其實只要找公司內部的美工加班做個一兩天，就可以做完，那這筆錢就可以省下來了。

其實，這筆錢早就是在預算內的，可是王斐以一種「把錢花在刀口上」的心情，提出這樣的建議，這個就叫做「主人翁精神」。他覺得這件事情好像是他自己的事情，本來就應該幫公司把最少的資源用在價值最大的地方。

那時候，他還主持了一個成功的電腦顯示器促銷方案，原來的預算是一百萬元，後來追加到三百萬元，這個方案做了以後，銷售額有非常大的成長。所以，不管是省下三萬元，或者是支出三百萬元，這同樣是出於一種主人翁精神。

對於一名基層管理者來講，主人翁意識是非常重要的。如果你組織裡的每一個員工都有主人翁精神，都把部門內部的事當作自己的事來做的話，公司在無形當中會形成很大的競爭力。因為大家會設法把所有可能的成本降低，包括訊息的成本、合約的成本、監督的成本、實施的成本等；還可以大幅提高個人潛能。只要基層管理者擁有主人翁意識，你就會認為自己在做一件很有價值的事情。

必須是懂實務的管理者

有人說：「管理者不需要懂太多實務工作，會管人就行了！」這話從表面看很有道理。

管理者看宏觀大局，不必做事務工作，做「人」的工作，善於用人即可。不過，就管理而言，似乎沒有員工不抱怨管理者干預太多，插手太深。對此，有人歸究於制度上沒有分權與監督，歸究於管理者能力缺乏等。其實，問題則恰出在這個看來似是而非的觀念，認為管理者可以不懂實務工作。試想，有哪個企業的目標與工作，不是和實務、業績、資源連結在一起？存在不需要實務工作內容、業績考核和資源配置的企業嗎？事實上，是沒有的。因為，所有的管理從本質上仍然是對這些實務工作與資源的決策。管理者的能力就是展現在對實務工作與資源的決策上。

在劉鴻生任英商開平礦務局推銷員時，就非常精通煤炭的各種特性。他能夠拿起一塊煤就說出該煤的名稱、產地、品種和成分。同時，他還熟知各礦區煤炭的生產情況和各城市的用煤量，了解國際市場行情及煤價漲落趨勢，因此，他做開平煤的時候，很快就打開了上海市場。三年後，劉鴻生升為外資代理人。後來，劉鴻生創立華東煤礦股份有限公司，號稱「煤炭大王」。

劉鴻生認為：中國之所以受欺是由於沒有工業、沒有科學。他決定投資火柴廠。為了精通業務，他親自赴日本燐寸株式會社火柴廠學習考察。同時，他閱讀了大量的有關資料和化學書籍，親自參與研究化學配方。結果，他創辦的鴻生火柴公司生產的安全火柴不僅品質好，價格也比瑞典的鳳凰牌火柴和日本的猴子牌火柴便宜，很快就占有了火柴的市場，年產火柴十五萬箱，成為了火柴大王。

劉鴻生準備投資水泥事業時，又親自赴唐山參觀了啟新洋灰公司，並三次東渡日本到小野田的水泥廠參觀學習，後來，又到德國一家水泥廠學習了一個多月的時間。他每天像工人一樣準時到廠，觀摩各個生產環節和關鍵技術，虛心向廠裡的工程師請教。後來，他的上海水泥廠生產的象牌水泥物美價廉，很快就暢銷。

香港船王包玉剛在從事海運業的時候，就對海運認真仔細的學習，因為他知道，海運是一門需要綜合性知識的學問。巨輪在汪洋大海上航行，需要千頭萬緒的航運經營知識，如果不認真鑽研，無疑是一件冒險的事情。

包玉剛曾說：「生意大，往往一下就是幾億美金，船員也有好幾百，那就有幾百家人倚靠你。你自己不把事情做好，怎麼行？都是很大的事情嘛！做船業，是要放心思下去的！要研究。自己嘛，一定要肯吃苦，要努力，船在外面走，你就要跑來跑去，報告、情報就要多，電話要通，要靈！譬如說，現在中東的局勢你自己看不清楚，那麼你怎麼去決定一條船租務的處理方法？舉個例，國際金融這麼動盪，你就要考慮，究竟應該是用美金、用日元還是用德國馬克？你收入家是什麼幣，將來通貨膨脹會怎樣？這中間，種種有關聯的事情很多。人的關係也很重要！世界政治的關係也很重要！世界經濟的關係也重要！現在是日本造船、南韓造船，各種各樣的資料，你都應該清清楚楚。這裡面的東西，真是講幾個晚上也都講不完的！」

在組織管理中，常會出現如下情況：當管理者對實務工作瞭若指掌，十分在行時，他就會顯得思路清晰，調度有方，縱橫捭闔，從善如流；一旦管理者對實務工作知之甚少，一知半解，像個門外漢時，他就會思緒反覆，言行不一，直接插手，讓員工感到管理者不可捉摸，深不可測了。歸根究柢，還是出在管理者不懂實務工作上。

基層管理者是在企業第一線的指揮官，必須十八般武藝樣樣精通。換句話說，要有較豐富的生產和工作技術實作經驗，熟練掌握與生產操作要求相應的工作技能，在基層進行技術示範，關鍵時刻能解決技術難題，能夠指導員工並向上司提供建議，幫助正確判斷。

自從何慶光擔任鐵礦選礦工廠生產部部長以來，他始終以一個優秀管理者的標準嚴格要求自己，帶領全部門員工，做好分內工作，克服生產困難，提高生產效率，處處以身作則，使自身成為一名精通實務工作的領頭羊。

鐵礦為提高鐵精粉品質，提高再磨給礦濃度，在選礦工廠配置淘洗磁選機和旋流器。何慶光作為生產部部長，首要任務就是熟練掌握新設備的性能、使用和維護的相關知識。為此，他主動參與廠家技術人員的安裝調試工作。在安裝調試過程中，與廠商技術人員共同商討，研究合理裝配位置，並在業餘時間向技術人員請教設備操作技能，了解設備注意事項，逐漸的掌握了設備的各項技術參數。

新設備投入生產後，旋流器的運轉總是不能符合技術要求。起初，技術人員與何慶光發現設備本身的各項安裝、性能都是符合要求的，但就是不能達到設備運轉的理想標準。何慶光改變原因查找方向，將重點放在附件之一的電機上。原來，旋流器的工作是需要一定壓力的，而電機所產生的壓力不能滿足旋流器的需要。為此，何慶光決定在電機允許的範圍內，將電機輪加大兩公分，提升電幫浦的轉速七十轉，小小的措施，圓滿解決了旋流器問題，排除了旋流器正常生產的障礙。

何慶光為了早日使用新設備，與員工們在工廠第一線奮戰，忘我的工作態度受到工廠上下一致好評。在他不辭勞苦的工作精神下，使他成為了一名合格的、精通實務工作的基層帶兵人。

對於基層管理者來說，成為一名出色的管理者是他們職涯發展的目標。而熟悉實務工作、了解實務工作、成為實務工作高手是基層管理者走向成熟的一個必然的階段。如果一個基層管理者對自己所分管的專業不懂，對公司的實務工作一知半解，又如何指揮身邊的員工展開工作？如何去檢查和指導基層的工作？因此，基層管理者也必須是個實務高手，只有對自己分內實務做到心中有數、瞭若指掌，工作中才不至於出現偏差。

基層管理者成為實務工作菁英，必須要懂得由虛入實。其中一項關鍵便是學會關注量化的指標，特別是財務指標。一個出色的基層管理者，必須能夠明確認知所在工作及部門的財務指標，並以此指導部門的工作。但工作量化分析最容易犯的錯誤便是只列工作項，不計工作量，這樣無法真正的量化，便很難在工作中執行。因此，一個出色的基層管理者，平時必須刻意的練習提升自己的量化思考和行為習慣，利用一切機會提高技能。

真正的領導者能夠影響別人

美國最著名領導學家柯維說：「領導的才能就是影響力，真正的領導者是能夠影響別人，使別人追隨自己的人物。」

每個有歷史知識的人，都可以憑藉自己的知識列出一些非常著名領導者。如李世民的英明、康熙的機智、華盛頓的無私等等。這些不同時代、不同國度、不同地位、不同行業的領導者，在他們各自的領導活動中，都充分顯示了他們非凡的領導能力。他們借助這種非凡的領導能力，創立並領導著偉大的組織，成就了偉大的基業。他們身上有各自與眾不同的特點，但他們有一個共同點就是擁有眾多的追隨者。因而他們都是成功的領導者，他們成功的領導經驗可以作為基層管理者提高領導能力的借鑒。

也許有人會說：「基層管理還需要領導力嗎？他們只需要按照公司的制度和流程去要求下屬，督導下屬執行就行了！」的確，基層管理者的職責是督導員工的工作，然而如何才能讓員工自動自發遵照執行，服從管理，提高績效呢？在越來越人性化的今天，單靠制度、流程、權力、監督仍然不夠，還需要基層管理者具有很強的領導力，即個人影響力，才能樹立起個人權威，才能真正帶領團隊自動自發創造佳績。

作為企業基層管理者，楊志和能將企業的各項決定迅速貫徹到自己分管的幾個小組，做到全面準確、切實的正常運行。在工作中，不用主管費更多口舌，他就能準確領會工廠主管的意圖，超前安排小組工作，使工作任務及早安排實施，從沒出現過臨陣磨槍的局面。

楊志和雖然年紀不大，但親和力非常強。工廠裡年紀比他大的工人，也非常敬重他。他善於激發員工的工作熱情。工廠裡播放音樂，就是他提倡的。「如果把工作當作苦差事，工作效率就會低。播放點音樂，大家心情舒暢，工作效率就會大大提高。」

玻璃工藝品的製造，是一個複雜過程，它牽涉到一整套工作流程，產品的吹製、再加工、包裝、發貨等等。每份訂單下來，楊志和總是先擬定好工作方案，再安排產品吹製，根據產品要求，書面通知鍍銀、澆漆、彩繪等小組做好準備，幾年來，各小組在他的統籌協調下，緊密合作，有條不紊，品質俱佳的完成了各項生產任務。由於產品供不應求，目前企業正在擴大生產規模。招收工人困難的問題已成為許多企業面臨的問題。玻璃廠是如何解決此問題的呢？楊志和自有妙招，「以人為本」是楊志和時常掛在嘴邊的一句話。

在企業生產經營過程中，提高管理能力主要展現在幾個方面：

一是提高執行能力。企業管理者不管身處在哪一個階層，都要明確了解企業的發展戰略目標，並有為該目標而不懈努力的信心和決心。要準確理解上司的指示、工作部署和要求，把貫徹上司的精神與部門組織工作緊密結合起來，確保上司工作部署執行成功。

二是提高工作能力。主管要熟悉自己分管的工作業務，充分掌握工作運作情況，只有成為業務的行家高手，才能正確指導下屬展開工作，避免出現盲目指揮、胡亂用權，對工作造成障礙。

三是提高用人能力。主管要充分了解下屬人員的性格、能力特點，知人善任，用其所長。如把技術型人才放在事務管理工作上，不能充分發揮人才的創造性，同時給事務管理造成束縛。同時，要主動幫助下屬進步，主動培訓提高下屬的工作能力，指導下屬實現工作目標，讓下屬盡快成長，下屬感激之情將會回饋到工作上。

一個擁有充分影響力的基層管理者，可以在管理工作上指揮自如、得心應手，帶領員工取得良好的成績；相反，一個影響力很弱的基層管理者，過度依靠命令和權力是不可能在企業中樹立真正的威信和發揮滿意的管理效能的。從這個意義上說，基層管理者個人的影響力或者說能夠讓別人按照既定方向前進的能力就顯得至關重要。對員工有影響力，可以達成共同的目標，不會再有喋喋不休的爭論，任務不會在執行中走樣，每個人都樂意聽從組織的安排，這樣的局面都是他們所追求的。影響力這種潛在的無形力量，可以讓大家在潛移默化中凝結在一起。

一天清晨，住持方丈奕尚禪師從禪定中起身，寺裡剛好傳來陣陣悠揚的鐘聲，整個山谷似乎都動搖起來。禪師凝神側耳聆聽良久，鐘聲一停，便招來侍者問：「今天早晨敲鐘人是誰？」侍者回答道：「是一位新來參學的小沙彌。」於是禪師便吩咐侍者叫來這位新來參學的小沙彌。

奕尚禪師問小沙彌道：「你在敲鐘時心裡一定念著些什麼，因為我聽的鐘聲，是非常高貴響亮的聲音，只有虔誠的人才能敲出這種博大的聲音。」小沙彌認真的回答道：「其實也沒有刻意念著什麼，只是我平常聽您教導說，敲鐘的時候應該想到鐘即是佛，必須要虔誠、齋戒，敬鐘如佛，用猶如入定的禪心和禮拜之心來敲鐘。」奕尚禪師聽了很高興，進一步提醒小沙彌道：「往後處理事務時，都要保持今天早上敲鐘的禪心，將來你的成就將不可限量！」後來，這位小沙彌一直記著奕尚禪師的開示，保持司鐘的禪心，最後終於成為一名得道的高僧。

敲鐘是和尚的工作，管理好員工是基層管理者的必修課，即使是做一天和尚敲一天鐘，也要盡職盡責，下一番苦工夫。和尚敲鐘如此，管理又何嘗不是如此呢？既然是企業的基層管理者，就應該全力投入，認真做好每一件事，絕對不應該以旁觀者的角色指指點點或牢騷滿腹。每位基層管理者都應該像小沙彌一樣，做到「心」中有鐘。

提高管理能力要公平分配工作，賞罰分明。一個團隊由幾個、幾十個員工組成，每個人心中都有一桿秤，用來衡量同事、衡量上司。有個奇怪現象，人總是喜歡誇大自己的成績，貶低別人的努力。這種情況下，更需要基層管理者做到公平。哪些員工的確表現好，要及時獎勵，而且要向其他人講清楚，為什麼要獎勵他，他表現好在哪裡，讓大家了解情況，減少互相猜疑，樹立學習榜樣。對犯錯誤的員工，也要及時懲罰，並向其他人講明白，為什麼要懲罰，他錯在哪裡，進行警惕教育。只有做到獎懲公平透明，才能真正激勵鞭策員工，激發團隊工作熱情。

具備敬業精神

一家公司、一個部門，如果經營得好，一定有一名優秀的基層管理者。基層管理者通常是企業裡的工班組長、小組長等，他們是一線管理者，主要職責是傳達上級計畫、指示，直接分配每一個員工的工作任務，隨時協調員工的活動，控制工作進度，解答員工提出的問題，反映員工的要求。他們工作的好壞，直接關係到企業計畫能否落實，目標能否實現，所以，基層管理者在企業中有著十分重要的作用。而優秀基層管理者都具有敬業精神、創新精神和合作精神。

著名文學家魯迅先生說過：「人是要有點精神的。」對應到基層管理者的工作，就是要有一股敬業精神。古今中外，敬業被多少有識之士視為人生的座右銘，並成就了偉業和功名。漢代大史學家司馬遷，在慘遭宮刑、肉體受到摧殘的情況下，用十四年時間寫出了名垂千古的《史記》；一代詩聖杜甫，對寫作「為人性僻耽佳句，語不驚人死不休」；愛迪生做了成千上萬次試驗，終成偉大的發明家……這些人，所處的時代不同，所創的功績不同，但是有一點卻是相同的，就是敬業精神。

石油大亨洛克菲勒以工作敬業著稱，他的老搭檔克拉克曾這樣評價他：「他的有條不紊和細心認真到了極點，如果有一分錢該歸我們公司，他一定要拿回來；如果少給客戶一分錢，他也要給客戶送過去。」

洛克菲勒對數字極為敏感，他經常自己算帳，以免錢從指縫流走。他曾寫信給一個西部的煉油廠的經理，嚴厲的問他：「為什麼你們提煉一加侖石油要花一分八厘兩毫，而另一個煉油廠卻只要九厘？」類似這樣的指責還有很多。他透過精確的數字來析公司的經營狀況，即時糾正弊端，進而分毫不差的經營控制著他的石油王國。

洛克菲勒這種對工作嚴謹認真的作風，在年輕時便顯露出來了，他告誡世人：「我從十六歲工作時，就開始記收入支出帳，記了一輩子。他是一個人能知道自己是怎樣用掉錢的唯一辦法，也是一個人能事先計劃怎樣用錢的最有效途徑。如果不這樣做，錢多半會從你的指縫中溜走。」

有條不紊和細心認真，這就是敬業，優秀者必備此種素養。而有些基層管理者常常表現為「工作不在狀態，心不在焉，得過且過，敷衍了事，華而不實，整天東奔西跑忙私事，責任意識嚴重缺失，甚至崇尚腐敗。正是因為少數基層管理者的「不作為、不在角色和不在狀態」，才導致企業辦事效率低下，工作平庸，沒有創新，與企業新形勢和新任務的要求極不適應。

明治保險公司隸屬於三菱財團這個在世界上數一數二的大公司，明治保險公司有個員工叫原一平。

當時三菱財團的最高負責人是串田萬藏，他既是三菱總公司的董事長，也是三菱銀行的總裁，還兼任明治保險公司董事長，由此可見，他在公司裡掌握著很大的權力。而原一平，只是一個普通的保險推銷員，但他工作積極熱情，也喜歡思考。他想到：「三菱銀行一定要融資或投資許多公司。三菱銀行的總裁串田萬藏先生，也是我們公司（明治保險公司）的董事長。我若能取得串田董事長的介紹信，天啊！」想到這裡，他興奮極了。至於具體的客戶，他想到了當時一家名叫日清的紡織公司，是由三菱銀行資助的，該公司的總經理名叫宮島清次郎。他想請串田董事長把他介紹給宮島清次郎先生。

第二天，他就毫不猶豫的展開行動。早晨，他就直奔三菱財團的大本營，即三菱的總公司，去拜訪串田董事長。來到富麗堂皇的大公司，他不由得有些緊張。九點整，他被帶進董事長的會客室。沒想到這麼一等就是兩個小時，本來有些拘謹的他因為無聊，而且工作勞累，不由得打起瞌睡來。不一會兒，他竟窩在沙發裡睡著了。

睡眼矇矓間他被人推醒了，迷迷糊糊睜開眼一看，竟然就是串田董事長。他一下子就驚醒了，畢竟日本的公司階級制度可是非常嚴格的，而串田董事長，本來看到他睡在會客室就有點不悅，而且看他也不是一個很重要的人，看到他醒來就直接大聲問道：「你找我有什麼事？」原一平嚇得有些結結巴巴的說：「我……我是明治保險公司的原一平。」串田董事長根本不理，不耐煩的問：「你找我到底有什麼事呢？」原一平只好直接說明來意：「我要去訪問日清紡織公司的總經理宮島清次郎先生，想請董事長幫助我，為我寫一張介紹信。」或許串田董事長有點想教訓這個什麼都不懂的年輕人，大聲吼道：「什麼？保險那玩意也是可以介紹的嗎？」

沒想到這可激怒了原一平，雖然他只是個普通員工，但他對自己的工作抱著最認真的態度，絕不允許任何人侮辱他的工作，於是想也沒想就向前跨了一大步，並大聲罵道：「你這個混帳！」董事長被他咄咄逼人的氣勢震住了，以他的地位，可以說沒有人敢用這種態度對他，他本能的往後退了一步。原一平繼續大聲說：「你剛剛說『保險那玩意』了。」「……」「你這個老傢伙還是我們公司的董事長呢！我要立刻回公司去，向所有的員工宣布……」說完之後，原一平怒氣沖沖的奪門而出。他回到公司，向他所在的主管阿部常務董事簡單做了匯報，並向公司提出辭呈。

正在這時，阿部常務董事桌上的電話鈴聲響起。「原一平嗎？他現在就在這裡。」原一平猜到了這肯定是串田董事長打來的電話，但他一點也不為自己的所作所為後悔。沒想到打完電話的阿部常務董事，卻對原一平哈哈大笑的說：「這是串田董事長的電話，他說剛才明治保險公司來了一個很厲害的年輕人，嚇了他一大跳。我們的董事長胸襟寬闊，實在太偉大了。」

董事長畢竟是個在商場叱吒風雲多年的人，雖然嚇了一大跳，卻仔細的思量了一下，發現原一平的話有道理，自省以前對保險有偏見，既然身為明治保險公司的高級主管，卻對保險業務有錯誤的偏見實在是不應該。於是，雖然是星期六，董事長也還是立即召開高級主管緊急會議，要求把三菱關係企業的退休金全部轉投到明治保險，還誇獎原一平是優秀的職員。

從此，串田董事長還為原一平寫所有重要客戶的介紹信，原一平冒犯了最高董事長還能被如此看重，就在於他身上具有寶貴的敬業精神。

一個人只要具備敬業精神，就有了做好事業的動力，有了敬業精神，作起事來就會有一股用不完的力氣。沒有敬業精神，整天渾渾噩噩，什麼事情也做不好的。因此，優秀的基層管理者一定是那些具有敬業精神的人。

善於傾聽，不可不備的特質

有些基層管理者會有這樣的經歷，一位因感到待遇不公而忿忿不平的員工找你評理，你只需認真的聽他傾訴，當他傾訴完時，心情就會平靜許多，甚至不需你做出什麼決定來解決此事。這只是傾聽的一大好處，善於傾聽還有其他兩大好處：一是讓別人感覺你很謙虛，二是你會了解更多的事情。

每個人都認為自己的聲音是最重要的，並且許多人都想迫不及待表達自己的願望。在這種情況下，善於傾聽的管理者自然成為最受歡迎的人。如果基層管理者能夠成為員工的傾聽者，他就能滿足下屬的需要。如果沒有這方面的能力，就應該立即去培養。培養的方法很簡單，只要牢記一條：當他人停止談話前，絕不開口。

一個小國給大國皇帝進貢了三個一模一樣的金人，金碧輝煌，皇帝高興極了，但使者想要皇帝判斷三個金人中哪個最有價值。皇帝想了許多辦法，請來珠寶匠檢查，秤重量，看作工，都是一模一樣的，根本就看不出來。怎麼辦呢？使者還等著回去匯報呢！泱泱大國，如果連這點小事都不懂，那不很丟人嗎？正在皇帝和大臣們都束手無策的時候，一位隱居的智者託人帶消息來，說如果讓他看一看金人，就能分辨出它的價值來。

皇帝將使者和智者請到大殿，智者將三個金人像仔細看了又看，最後，他發現每個金像的耳朵裡都有一個小孔。於是，他要了三根很細的銀絲，從金像的耳朵裡穿進去。插入第一個金人的耳朵裡，銀絲從另一邊耳朵裡出來了；第二個金人的銀絲從嘴巴裡鑽出來；第三個金人，銀絲進去後掉進了肚子裡，什麼響動也沒有。智者對皇帝說：第三個金人最有價值。

使者聽後默默無語，答案完全正確。

有的基層管理者不願傾聽，尤其是不願傾聽員工的意見，那就自然無法與員工暢通的溝通，進而影響了管理的效果。能否傾聽反映的是基層管理者對員工的態度，如何傾聽是管理者的問題。如果基層管理者認為自己聽見了就是在傾聽，那是不準確的，因為傾聽不僅僅是用耳朵，更要去用「心」。

如果基層管理者不能夠成為員工的傾聽者，就滿足不了每位員工需要。傾聽員工的心聲對於基層管理者來說是一種難能可貴的特質。因為只有善於傾聽員工心聲的領導者才會拉近員工的心理距離，從情感上贏得員工。傾聽是一種極為重要、有效的激勵方法，它能促進員工主動對公司作出貢獻，使公司獲得更高的工作效率。要是基層管理者不能聆聽員工的心聲，員工就會因不被重視而失去工作興趣，將自己的精力轉移到其他事情上去，從而降低工作效率。

一位顧客在一家商店購買了一套西裝，由於掉顏色的問題，要求退貨，而售貨員堅持是顧客自己的問題，所以兩個人就爭執起來。爭吵聲引來了商店經理，售貨員想向經理解釋，但被經理制止了。經理走到顧客面前，向他真誠的道歉，然後又請他在旁邊的沙發上坐下來，把詳細的情況說一下。經理誠懇的靜靜聽完顧客的抱怨和發洩，等顧客說完，他才讓售貨員說話。

當澈底了解清楚爭吵的來龍去脈後，經理真誠的對顧客說：「真是萬分抱歉，我不知道這種西裝會掉顏色。現在怎麼處理，本店完全聽從您的意見。」顧客說：「那麼，你知道有什麼辦法可以防止掉色嗎？」經理問：「能否請您試穿一週，然後再作決定？如果到時候您還不滿意，那麼我們無條件讓您退貨。好嗎？」結果，顧客穿了一周後，果然沒有再掉顏色。這位經理就是有效的利用了傾聽這一技巧，使得本來劍拔弩張的氣氛緩和下來，並最終輕鬆的解決了問題。

基層管理者在傾聽員工的談話中，可以發現員工的關注焦點，了解員工的苦惱和要求，有利於建立忠誠和信任，從而使員工積極主動的改進績效。基層管理者只要認真傾聽就可以鑒別出員工最關心的問題，這有利於管理者與員工建立一對一的關係，贏得每一位員工，進行有效的激勵，同時也有利於基層管理者發現組織內部存在的問題，並及早解決。

有人曾向日本的「經營之神」松下幸之助請教經營的訣竅，他說：「首先要細心傾聽他人的意見。」松下幸之助留給拜訪者的深刻印象之一就是他很善於傾聽。一位曾經拜訪過他的人說：「拜見松下幸之助是一件輕鬆愉快的事，根本沒有感到他就是日本首屈一指的經營大師，反而覺得像是在同中小企業經營主談話一樣隨意。他一點也不傲慢，對我提出的問題聽得十分仔細，還不時親切的附和道『啊，是嘛！』，毫無不屑一顧的神情。見到他如此的和藹可親，我不由得想探詢：松下先生的經營智慧到底蘊藏在哪裡呢？調查之後，我終於得出結論：善於傾聽。」

馬修・麥凱和瑪莎・戴維斯在他們合著的《溝通技巧》（Messages：The Communication Skills Book）中說：「傾聽是一種確認和一種讚美。它確認了你對他人的理解，對他人如何感受、如何看待世界的一種理解。它也是一種讚美，因為它對別人『說』：我對發生在你身上的一切表示關心，你的生活和你的經歷是重要的。」

在工作管理中，很多基層管理者不僅能夠容忍員工的缺點和錯誤，而且還經常鼓勵員工犯一些「合理性的錯誤」。在優秀企業中，不犯合理錯誤的人是不受歡迎的。因為這意味著這名員工缺乏創造力、競爭力，保守平庸，很難有所建樹。在寬容的環境中，員工對失敗沒有顧忌，更不會隱瞞，也不會尋求庇護，這有助於基層管理者更快的找到失敗的原因，有利於問題的解決。

要想成為一個優秀的基層管理者，你就得口耳兼用，就得將自己言語的優勢透過虛心的傾聽發揮得淋漓盡致。善於傾聽，你不可不備的特質。

科學的管理藝術

我們知道，管理藝術包括用人的藝術、溝通的藝術、讚賞和批評的藝術。用人要知人善任，要用其所長，避其所短。分派工作要指明意圖，指出重點和方法，限定工作進度，並進行檢查和監督。要言必行，行必果。切忌只分派不檢查，或者有檢查不考核，更不能做好做壞一樣。

要善於溝通。只有溝通才能了解確切的資訊。溝通是「知人」的重要手段，是「善用」的前提，同時也是展現管理者的親和力、感召力、凝聚力的重要途徑和手段；溝通是發現問題的手段之一，是解決問題的重要基礎。一個善於與別人溝通的基層管理者，可以讓自己的想法被部下所理解與接受，因此能保證命令的可靠執行，也可以得到部下的充分信任，讓部門中充滿團結協作的氣氛。高超的溝通能力，是基層管理者事業成功的基礎和保障。

隨著事業的迅速壯大，麥當勞的員工數也越來越多，企業高層忙於決策管理，基層忙於實務工作，某個程度上忽視了上下的溝通，致使美國麥當勞公司內部的勞資關係越來越緊張，以致爆發了勞工遊行示威，抗議薪資太低。示威活動對麥當勞公司的各級主管構成了巨大的衝擊，讓他們重新認知加強上下溝通、提高員工使命感和積極性的重要性。

針對員工中不斷成長的不滿情緒，麥當勞公司經過討論提出一整套緩解壓力的「溝通」

和「鼓舞士氣」的制度。麥當勞認為與服務人員的溝通是極其重要的，它可以緩和基層管理者與被管理者之間的衝突，提高工作人員的積極性。而如果忽視了與員工的溝通——不管出於什麼理由——就會阻礙企業命脈的暢通，使企業不知不覺陷入麻痹，從而失去許多機能。

麥當勞任命漢堡大學的寇格博士解決溝通的理論問題，擅長公共關係的凱尼爾則為公司解決實際操作問題。他們很快就有了成果。凱尼爾請約翰・庫克及其助手金・古恩設計的「員工意見發表會」變成了麥當勞的「臨時座談會」制度。這種形式在解決和員工的溝通問題上具有非常重要的作用。

座談會的目的是為了增強與員工的感情連結。會議不拘形式，以自由討論為主要形式，雖以業務專案為主要討論內容，但也鼓勵員工暢所欲言甚至傾吐心中不快。計時工作人員可以利用這個機會指責他們的任何基層管理者，把心中的不滿、意見和希望表達出來。所有服務員都很積極的參加座談會。實踐證明，這種溝通方法比一對一的交流更加有效。

為了加強基層管理者與服務員個人之間的溝通，除了面談以外，基層管理者還推行一種「傳字條」的方法。麥當勞備有各式各樣的聯絡簿、例如服務員聯絡簿、接待員聯絡簿、訓練員聯絡簿等，讓員工隨時在上面記載重要的事情，以便相互提醒注意。麥當勞公司的做法成功的緩和了勞資衝突和對立。管理者從中悟出了一個道理，動用警察不是解決勞資衝突的好辦法，這不但會損害麥當勞的形象，還會使矛盾愈加激化，甚至動搖麥當勞帝國大廈的根基。

基層管理者在溝通時一定要注意情緒的控制，不要將自己的不良情緒帶到溝通中來，要盡可能的在平靜的情緒狀態下與員工進行溝通，這樣才能保證良好的溝通效果。基層管理者的每一個眼神、表情、手勢、坐姿等都可能影響溝通，專注凝視、低頭皺眉或是左顧右盼都會造成不同的溝通效果。因為不少員工在與基層管理者溝通的過程中注意力都非常集中，善於從你的一言一行、一顰一笑中捕捉資訊，揣摩你的心思，因此，基層管理者不當的肢體語言必定會誤導下屬。

基層管理者要明白自己與員工之間雖然有職位高低、權力大小的差別，但依然是平等的，都有維護自尊的強烈心理需求。因此，絕不能在溝通中擺出一副「長官」的架子，否則，必然會招致員工的不滿，對你敬而遠之，甚至恨而避之。溝通時要做到坦誠相見、說真心話、用真感情，絕不能說那些言不由衷的空話、大話、客套話和假話，更不要用不冷不熱、矯揉造作的偽感情對待員工。只有這樣，在溝通中才能打開員工的心扉、達到溝通的目的。

要善於讚揚和批評。讚揚和批評是管理的重要手段。善於讚揚能夠激發員工的積極性和創造性，最大限度的發揮其潛能。讚揚要有分量，但是不可以誇大其詞，要使員工感受到你的誠意，從心靈深處受到激勵，不可以隨便讚揚，試圖精神賄賂。精神賄賂充其量有一時作用，但是後果不堪設想，萬萬不可以在組織實行。否則，良好的企業文化氛圍很難建立起來。

某工廠有兩位年輕女工，康麗當班長，盛娜是她班內的成員。盛娜在工作上十分支持康麗，康麗在生活學習上也很關心盛娜。雙方互有往來，已經有三年多時間了。

有一次，由於工作操作卡寫的不夠清楚，盛娜未能細心分析，結果做出了一件廢品，而且價值較高，影響較大，這當然也就損害了小組當月的獎金收入。盛娜是個十分好強的女孩，她深深的為自己出現這樣的事故而內疚，但也對工廠工程組不無意見，認為如果操作說明清楚，自己是不會發生這種狀況的，為此幾天來茶飯不進，偷偷的掉了不知多少眼淚。

康麗領導的小組一直是全部門乃至全廠的品質模範。這次自己的好友出了狀況，她很傷心，也很著急。她明明知道盛娜的心情不好，但因為自己是班長，出事情的是自己的密友，為了防止別人說更多的閒話（因為影響了工作獎金，已經有人說閒話了），沒有去主動的安慰盛娜。相反，為了表示自己的大公無私，還公開批評盛娜，在獎金處理上也採取了從嚴的辦法，並且沒有切實的向工程技術組反映操作方面的問題和意見，雖然這一切她是忍著淚去做的。

在康麗看來，是當班長應有的公正精神和無私態度。盛娜是自己的知心朋友，長期相處，應當能理解和原諒自己，有什麼話可以等事情過去以後再談。可盛娜卻完全不能理解康麗的做法，並且從另一極端去判斷事情。她認為康麗這樣做完全是犧牲自己突顯本人。做為好友、班長和真相的知情人，她不但不能出面主持公道，說明原委，反而落井下石，踩著別人的肩膀向上爬。這種人根本不配作自己的朋友，過去是自己瞎了眼看錯了人。在這樣各執一詞，各有各自想法的情況下，矛盾越來越激化了。先是盛娜怒氣沖沖，再也不理康麗，飯也不一起吃了，路也不一起走了，甚至連正眼也不看康麗一眼。康麗自然感到了這種變化，但她認為現在還不到向盛娜賠禮解釋的時機，否則將會前功盡棄，於是也採用了主動迴避的措施。

康麗不曉得事態已經發展到沒有亡羊補牢的機會了，待她向盛娜解釋時，盛娜早對她產生了難以逆轉的成見，覺得她渾身上下，沒有一點順眼的地方了。所以當康麗剛提出要和盛娜談談的時候，就迎來了一場狂風與冰雹，打得她暈頭轉向，不歡而散。從此以後康麗對盛娜產生了不可理喻的反感，同樣看不順眼了，於是，一雙形影不離的莫逆之交，由於各執己見，一下子變成了勢不兩立的敵人，並且澈底排除了和解的可能性。當然，兩個人的心理負擔和精神痛苦，都是可想而知的。

後來，盛娜由於精神恍惚，在年底又出現了一次人身事故，把右手食指軋斷，最後不得不改換了工作。於是，這一對姊妹從此更失去了和解的可能，現在她們都已是接近退休的年齡了，但彼此間的隔閡和創傷卻永遠難以平復，更無需說這麼多年來給她們個人帶來的痛苦將有多少。

一些基層管理者往往認為口頭讚賞不如物質獎勵來的「實惠」，因而在工作中忽視對員工的口頭表揚。口頭表揚作為一種精神上的鼓勵，在實際工作當中發揮著物質獎勵不可替代的作用，在長期的工作當中，尤其對基層組織有極大的推動作用。同時，口頭表揚也是形塑企業精神的一種有效方式，如果運用得當，可收到事半功倍的效果。

善於批評也很重要。批評時一定要站在闡明問題、使對方改正錯誤的立場上進行，使被批評者心悅誠服。要指出員工的錯誤的根本和關鍵之處。善於批評，往往會產生比表揚還好的效果。

溝通、表揚和批評，是人性化管理不可缺少的手段，善於應用，順之又順，不善應用，到處是漏洞。

第二章 樹立良好個人形象

要當好基層管理者，你必須從自我做起，嚴格要求自己的一言一行，樹立良好的管理者形象；其次要相信團隊的力量，對待下屬要以禮相待、以德服人，最重要的是能真實有效的為他們著想。

言行一致重承諾

日本著名企業家松下幸之助說過「想要使部下相信自己，並非一朝一夕所能做到的。必須經過一段漫長的時間，兌現承諾的每一件事，誠心誠意的做事，讓人無可挑剔，才能慢慢的培養出信用。」管理學大師華倫・班尼斯也發現，人們寧可跟隨他們可以信賴的人，即使這個人的意見與他們不和；也不願去跟隨意見與他們相合，卻經常說一套做一套的人。這說明作為一個管理者必須做一個言行一致、讓人覺得足以信賴的人。一定讓你的員工稱讚你是一位風格言行始終如一的人。

有一個很喜愛吃糖的孩子，但他的父親很窮，沒有能力經常買糖給他吃，而小孩不懂事，經常向父親要糖。父親想盡辦法去制止他，決定請住在他們附近的一位賢人勸他的孩子停止吃糖。父子二人來到賢人面前表明來意，請賢人勸他的兒子不要吃糖。賢人感到很為難，因為他自己也很喜歡吃糖，他請這位父親一個月後再帶兒子來見他。當父子二人一個月後再見到賢人時，賢人已經戒掉吃糖。他對小孩說：「親愛的孩子！你能不能以後不要常常向父親要糖吃？因為這對健康不好！」小孩聽從了賢人的勸告，從此不再向父親要糖了。父親奇怪的問：「為什麼您不在一個月前叫他停止吃糖？」賢人回答：「當時我自己也愛吃糖，怎麼能叫他戒掉呢？我用一個月時間，自己先戒掉吃糖的習慣，才有資格教您的兒子。」

這個小故事告訴我們一個道理，那就是基層管理者的言行要有一致性。信賴產生於你的言行一致上。不要輕易承諾員工，能夠說到做到當然對員工有莫大的激勵，但如果你說到卻沒有做到，你就會失去信用，後果比你什麼也不說嚴重好幾倍。

對於基層管理者而言，言行一致是基本準則。「聽其言，觀其行」，你的一言一行員工都看在眼裡，記在心裡，一旦發現你言行不一致，你的威信就會大大降低。

在一個企業中，基層管理者的影響力是不容忽視的。通常情況下，員工會不自覺模仿你的行為和態度。而管理影響力的一個重要因素就是你是否是一個言行一致的人。當基層管理者口是心非，只說不做，雷聲大雨點小，這樣他就會逐漸喪失自己的威信。

要樹立威信，讓員工更加信服你，那麼，你就應從自己的每一句話開始，從自己的每一個行動開始，做到言行一致。只有這樣，才能使員工感受到自己的主管是能讓人信賴的，才能激發他們更強的責任感。

三國時，諸葛亮命人製造木牛流馬運輸軍糧，再次出兵祁山，第四次攻魏。魏明帝曹睿親自到長安指揮戰鬥，命令司馬懿統帥諸將領，帶領大軍直奔祁山。面對兵多將廣、來勢洶洶的魏軍，諸葛亮不敢輕敵，於是命令士兵占據險要地勢，嚴陣以待。

魏蜀兩軍，旌旗在望，鼓角相聞，戰鬥隨時可能爆發。在這緊要關頭，蜀軍中有八萬人服役期滿，已有新兵接替，老兵們都整裝待發，盼望著能早點返回故鄉。魏軍有三十餘萬人馬，兵力眾多，連營數里。如果蜀軍放走這八萬老兵，那麼他們的勢力就會更加單薄，取勝的希望就更加渺茫了，眾將領都為此感到十分憂慮。這些整裝待發的老兵也深感擔心，生怕盼望已久的回鄉願望不能立即實現，擔心要到這場戰爭結束才能回去。不少的蜀軍將領向諸葛亮進言，希望留下這八萬老兵，延期一個月，等打完這場戰爭再走。諸葛亮斷然拒絕道：「統帥三軍必須以絕對守信為本，我豈能以一時之需，而失信於軍心？」

「言行一致，說到就要做到」，本不是什麼高深的理論。也許正是因為太簡單了，所以往往被人忽略。許多人太看重的是管理者的權力，更多的只是想知道「怎樣讓你服從我」，而不是「我應該怎樣做才更具影響力」。說到就要做到，大家都知道這個品格的重要性。然而，許多基層管理者經常拿它來要求別人，卻很少如此要求自己。久而久之，員工也就習慣了自我放鬆。當他們成為管理者的時候，也只會要求別人，不要求自己，進而形成一種惡性循環。這種行為一旦成為習慣，無論是對企業的發展還是對個人的進步都沒有任何好處。

基層管理者如能以信為本，對自己說過的話負責，就會很快贏得員工的愛戴和支持，從而形成一股強大的凝聚力；反之，如果基層管理者先不講信用，說過的話不算數，那員工的凝聚力就會日漸渙散，企業績效就無法達成。在講信用方面，基層管理者應該帶頭樹立表率，千萬不能「說了不算」。諾言是必須信守的，不管在何種情況下都一定要信守。即使是在迫不得已的情況許下的諾言，也不能只當作權宜之計，因為別人只會看重你是否對自己說過的話負責。只有以信待人，與員工坦誠相見，任之以專，信之以堅，不為讒言所惑，才能抓住他們的心。

當年聯想集團創業時，曾有一條規定，如果參加會議的人數超過二十個人，誰遲到就要罰站一分鐘，上自管理階層，下至員工，一視同仁。第一個被罰站的人是計算所的科技處長，也是柳傳志原來的老長官，罰站的時候他本人緊張得不得了，一身是汗，柳傳志也一身是汗。柳傳志跟他的老長官說：「你先在這站一分鐘，晚上我到你家裡給你站一分鐘。」即使是柳傳志本人也被先後罰過三次。

一個優秀的基層管理者不是靠制度來管人，而是靠自己的魅力和品格來贏取員工的信服。員工判斷一個主管時，更多的是根據他的品格，而不是根據他的知識；更多的是根據他的心地，而不是根據他的智力；更多的是根據他做了什麼，而不是他說了什麼；更多的是根據他的自制力、耐心和紀律性，而不是根據他的天才。

常常看到有些基層管理者言行不一，比如，許多人在表面上侃侃而談員工的重要性「以人為本」、「人是我們最重要的資產」，其做法卻截然不同。他們不願意傾聽員工的抱怨，對員工的個人問題漠然處之，或任憑優秀的員工離去，而沒有為挽留他們做過任何努力。事實上，要讓員工相信一個「說一套，做一套」的基層管理者是很困難的。而且他們也會在這種管理者的消極影響下，對公司的各種制度置之度外。也就是說，基層管理者言行不一的這種行為會給企業的管理帶來極大的傷害，嚴重破壞企業成員對管理者的信任，一個公司一旦沒有了員工對管理者的信任，企業的合作能力將會極大下降，對企業產生的破壞常常是難以彌補的。所以，一個有威信的基層管理者，首先就要確保自己言行一致，做到「言必信，行必果」。

言行不一會嚴重妨害基層管理者建立和員工之間的信任關係。不過，也有一些所謂「聰明」的基層管理者非常注意運用語言的技巧，將形勢朝著有利於自己的方向扭轉，這樣他人就會只注重管理者的言而不是行。但任何技巧性的東西都只會短暫的維持你的「光環」，所有的「技巧」都會在時間面前變得蒼白，它只會讓人覺得被愚弄，結果往往適得其反。與那些「說一套，又做一套」的基層管理者相比，言行一致的人更容易被信賴和尊敬。

勇於承擔責任

西點軍校認為：「沒有責任感的軍官不是合格的軍官。」一提到責任追究，部分基層管理者就會不由自主的緊張起來，原因就是怕自己承擔責任或者受到牽連被追究，因此一些喜歡耍手段「愛動腦筋」的基層管理者總是千方百計想一些規避責任的辦法來應付，把精力放在規避責任上。一旦自己管理的範圍出了問題總是強調環境因素，自己是能推就推，能躲就躲，根本沒有承擔責任的勇氣和心理，有的甚至找代罪羔羊。而在管理上敷衍了事不用心，虛報隱瞞，做表面文章，欺下瞞上，對員工的工作和錯誤漠不關心。但作為員工表率的基層管理者，必須學會勇於承擔責任，而不是找任何藉口來逃避責任。

某公司的主要業務是幫助企業舉辦各種活動，去年年底他們要在本市舉辦一場答謝客戶的慶祝活動。因為總部不在本市，所以鄧先生部門的五個人都被動員參與籌備工作。幾個人沒日沒夜加班，非常辛苦。

慶祝活動開始前的兩個小時，鄧先生陪同老闆到會場視察。精明的老闆還是在會場上發現了一些問題，例如活動的背板不漂亮，室內空調的溫度太高，等等。鄧先生跟老闆說：「抱歉，我一直不在這裡，沒想到他們會搞成這樣。」隨後，就把負責籌辦的幾個人教訓了一頓，還痛罵他們笨蛋，「怎麼連這點事都做不好，要你們有什麼用……」被老闆發現問題之後，那位鄧先生的反應首先是把責任推出去，用「我一直不在這裡」來逃避。

遇到對自己不利的情況，大多數人的反應可以用推卸責任來保護自己。但是，作為一名基層管理者，如果想用推卸責任來保護自己，則完全於事無補，甚至被視為幼稚。因為推卸責任會使人際關係緊張。沒有人願意承擔責任，但責任畢竟要有人承擔。你不承擔就是員工承擔，而相互推卸，會使得問題更加複雜，進而喪失寶貴的機會，還可能導致員工都不再貢獻智慧和想法，會喪失員工們的信任，因為他們都希望自己的上司是個能幫他們擋風遮雨的人。

某公司的老闆走出公司，看見清潔工用一個只剩五個齒的耙子在掃樹葉，而原本這個耙子有五十一個齒。老闆問清潔工：「你為什麼用這個耙子工作？這樣掃不到什麼樹葉！」「這是我一進公司時他們就給我的。」清潔工回答。「為什麼你不拿一把好的呢？」老闆問。「他們不給我，我有什麼辦法？」老闆很惱火，把主管叫來，讓他馬上去領一把好的耙子交給清潔工。老闆問主管：「這件事上，你認為你有責任嗎？」主管點點頭，老闆繼續說：「你的工作就是要確保你的員工有合適的工具，這是你的責任。」

很明顯，這位主管並沒有對他的員工負責，也沒有使用公司賦予他的職權。但是，如果這個清潔工沒有被老闆發現呢？其實，這位主管的責任不僅在於替下屬確保有合適的工具，其失職之處更在於這麼多年來為何清潔工一直不主動提出更換耙子。清潔工的不主動表明就是主管最大的失職，也是他作為管理者的最大失敗處。而這個主管之所以如此怠忽職守，其根源正是沒有行使公司賦予的權力，自然也就沒有對公司負責，權力與責任沒有對等起來，這才是問題的根源所在。

有人說，是「九一一事件」成就了紐約前市長魯道夫‧朱利安尼。實際上朱利安尼的領導才能很早就已經表現出來了。他在上任之初曾花了一年多的時間研究危機管理這門功課，諸如生化武器或炸彈攻擊等，並且反覆檢討與練習。因此，九一一的發生雖然出人意料，但在發生時，他能夠堅強理智的帶領著紐約市民走過這場前所未有的變局。朱利安尼在一本書中寫到：「所謂的領導，就是在享受特權的同時，承擔起更大的責任，在風險或危機來臨時，有勇氣站出來，單獨扛起壓力。」朱利安尼在當時的危急時刻敏感的意識到，「我必須露面，我是紐約市市長。我應對危機的方法就是親臨現場並掌控局面。如果我沒在電視上出現，對這個城市將更加不利。」

主動承擔責任的第一反應，是指一個團隊的基層管理者對團隊內部的問題或責任，不要先替自己辯護，而應把責任承擔下來，這樣不僅能讓上司放心，更能讓手下的員工安心。而能主動承擔責任，是基層管理者成熟的重要表現。相互推託責任對公司來講，百害而無一利。不管什麼問題，確定責任人，是解決問題的第一步；而相互推卸責任只能延誤解決時間，並致使各種關係處於不穩定中，問題不能及時解決反而衍生出其他矛盾。

晉國有一名叫李離的獄官，他在審理一件案子時，由於聽從了下屬的一面之詞，致使一個人冤死。真相大白後，李離準備以死贖罪，晉文公說：「官有貴賤，罰有輕重，況且這件案子主要錯在下面的辦事人員，又不是你的罪過。」李離說：「我平常沒有跟下面的人說我們一起來當這個官，拿的俸祿也沒有與下面的人一起分享。現在犯了錯誤，如果將責任推到下面的辦事人員身上，我又怎麼做得出來」。他拒絕聽從晉文公的勸說，伏劍而死。

在營救駐伊朗的美國大使館人質的作戰計畫失敗後，當時美國總統吉米・卡特即在電視裡鄭重聲明：「一切責任在我。」僅僅因為上面那句話，卡特總統的支持率驟然提升了十百分比以上。做員工的最擔心的就是做錯事，特別是花了很多精力又出了錯，而在這個時候，管理者來了句「一切責任在我」，那對這個員工又會是何種心境？

上面的兩個例子說明，員工對基層管理者的評價，往往決定於他是否有責任感，勇於承擔責任不僅使員工有安全感，而且也會使員工進行反思，反思過後會發現自己的缺陷，從而在大家面前主動道歉，並承擔責任。基層管理者這樣做，表面上看是把責任攬在了自己身上，使自己成為受譴責的對象，實質上不過是把員工的責任提到管理者身上，從而使問題解決起來容易一些。假如你是個基層管理者，你為你的員工承擔了責任，那麼你的上司是否也會反思，他也有某些責任呢？一旦公司裡上行下效，形成勇於承擔責任的風氣，便會杜絕互相推諉，上下不團結的局面，使公司有更強的凝聚力，從而更有競爭力。

不爭榮譽

在企業管理中，「功勞屬於誰」的問題，在一些公司的部門仍是待解決的「問題」。基層與員工爭功或貶低員工、抬高自己的現象，就不時的出現。比如，有的基層管理者對員工說：「像你們這麼做怎麼能完成？要不是我……」也有的基層管理者這樣評價下屬員工：「會的不做，不會的亂做。」言下之意，如果沒有他這位基層管理者，是不會達成目標的。

基層管理者與員工爭功，貶低員工，實際是自己心胸狹小的表現。你這個部門工作成績突出，在人們眼裡，「某某部門辦得好」是與「某某單位的管理者能幹」畫上等號的。作為基層管理者，無需自我表功，上司和員工自會公開給予評價。如果與員工爭功，不承認和尊重員工的成績，不但不必要，反而會損壞自己的形象。這看似小事，卻有嚴重的後果，亦即挫傷員工的積極性，失掉人心。這並非危言聳聽，試想，基層與員工不能合作同心，還可以做好工作嗎？

某公司的銷售組長葛正菲，喜歡聽取部屬的意見，經常鼓勵下屬談談自己的想法，經常鼓勵員工說：「這看法不錯，你將它寫下來，這星期內拿出計畫給我。」剛開始時，員工們聽了這話都會很高興，踴躍的做各種企劃，大家忙著提供意見，當然，其中大部分好的建議，也都為組長所採用。然而，每一次業績考核，這一切功勞都歸功於組長一人。

一年後，葛正菲部屬就完全叛離了。葛正菲感到很迷惑，不了解部屬叛離的原因，心想：「是他們的構想枯竭了嗎？那麼再換些新人進來吧！」於是和其他部門交涉，調進了幾個新人。一進來，葛正菲就向剛加入的同事們做了一個要求：「我們銷售組，充分發揮分工合作的精神是不可少的，希望大家能夠同心協力，提高銷售組的業績。」然而，並沒人加以理會，他們心想：「銷售組的功績，最後都總歸於你一個人，老是搶別人的功勞，自己去討好上司。」

有些精明幹練的基層管理者，他們共同的缺點就是喜歡打頭陣、當指揮。他們不輕易相信員工的能力，已經派給員工的任務自己卻更加倍的「關懷」著。因此，他們對員工的要求相當嚴厲，絲毫不具備同情心，有時員工要休假，就會表現出極端的不悅。當然，他對工作相當賣力，而且負起全責。這樣的基層管理者通常會與員工爭奪功勞。因此，每一個細微的部分，他都要插上一手，在上司面前，也從不錯過任何表現自己的機會。

某公司主管田先生吩咐員工小耿傳送一份重要資料給客戶。於是，小耿和田先生確認了客戶位址和姓名後，就立刻辦了。沒想到兩天後，客戶打電話給田先生說沒收到任何資料。田先生隨即找來小耿詢問緣由，小耿再次說明資料已經按照田先生確定的地址寄出，並拿出回執單證明。

田先生對照了回執單和自己給出的地址之後，馬上發現是自己把地址搞錯了。但是田先生卻說：「小耿，你這人做事這麼馬虎，地址錯了怎麼不打電話問我。」小耿不知所措的回答道：「郵寄之前我跟您確認過地址，當時您說是正確的。」「推卸責任，狡辯！小耿，你這樣做是不行的！」田先生馬上批評道。為了避免不必要的衝突，此時小耿只好忍著滿肚子的委屈說：「田主管，我知道『錯』了，今後一定改正。」「這就對了，小耿。做事就應該這樣，要勇於承擔責任。」

我們從上述的案例中，卻只能看見田先生對責任的推託技巧，絲毫不見其有什麼責任感。更荒唐的是田先生還會訓斥並教導自己的員工要「勇於承擔責任」。可以說，田先生這類的人不僅擁有一種嫻熟的技巧來推卸責任，而且其推卸責任的意識已經深入到思考模式中，因此，田先生這類的人才會大言不慚的批評下屬，並在下屬面前高唱「勇於承擔責任」的論調。這樣的基層管理者是極其不負責任的，也是不具備管理者資格的。

有強烈的責任心沒錯，有充足的榮譽感也沒錯，但若為了謀求職位晉升或達到其他目的而爭功奪利就錯了，特別是和員工爭功奪利更是錯上加錯。工作中，有不少淺薄的基層管理者喜歡和下屬爭功。面對成績時，總是過度強調個人作用而忽視團隊的力量。甚至還不講道德，利用企業內部資訊不對稱的因素，把下屬的功勞偷加在自己頭上。例如，房地產公司銷售經理暗分代銷的業績，而導致代銷員集體跳槽到競爭對手那裡，結果讓一大批潛在客戶最終成了競爭對手的客戶。

企業營運中，每一項業績都是諸多因素共同作用的結果。一個人的能力其實很有限，在完成部門的工作任務時離不開下屬的積極配合。若面對成績一味的強調個人功勞，就會傷害同仁的感情，就會扼殺下屬員工的積極性，久而久之就會形單影隻，孤立無援，這樣不僅不利於團隊建設，更不利於基層管理者的事業發展。

三國時期，一次，曹操發布命令說：「吾起義兵誅暴亂，於今十九年，所征必克，豈吾功哉？乃賢士大夫之力也。天下雖未悉定，吾當要與賢士大夫共定之。」並說，如果坐享勝利果實，我怎麼能心安！於是大封功臣。他在另一次發布的命令中說：「自古以來有作為的君王，何嘗不是與賢人君子共同治天下的！唯才是舉，我得到人才就要使用。」在天下大亂，諸侯並起、紛紛逐鹿中原的東漢末年，曹操的人馬由小到大、由弱到強，最終掃平各路豪強，統一北方，功業可謂大矣，在歷史上也是輝煌的一頁。可曹操在勝利面前，並未自我陶醉，也未居功自傲、貪天之功為己有。而公開宣布這些勝利「乃賢士大夫之力也」。

對曹操的此番舉動，且不論這是他使用人才的韜略，還是他激勵下屬積極性的辦法，但有一點有目共睹：曹操有著寬闊的胸懷。無論是時勢造英雄，還是英雄造時勢，基層管理者的作用不容否定。但是也應承認，在某種意義上，個人的成功，實際是群體的成功。所以，功勞屬於誰，實在不應作為問題提出來。

對於基層管理者來說，不濫奪員工功勞，似乎很難辦得到。員工的工作有成果，不是管理者從旁協助的嗎？這項工作由計劃到指派，都是管理者的想法。主管們通常都認為員工的表現良好，全是自己的功勞。員工的表現突出，管理者有一定的功勞，這是無可厚非的事。但是不能經常將好的成績據為己有，差勁的由任由員工自己承擔，這是最不得人心的管理方式。

要令員工心甘情願、辛勤的工作，就要懂得將功勞歸於他們，否則實難令人專心投入工作。員工的心裡會想：「我做得多麼好，也只是你的功勞，讓你在高層會議中出風頭，我的待遇則不變，不值得呀！」有了這種心態，做事就得過且過，所謂「不求有功，但求無過」的現象，就是在沒有功可拿的情況下出現的。

成功基層管理者的祕密，是他們懂得與下屬員工一起分享功勞，有時故意把本屬自己的功勞讓給員工。這樣不僅能夠激勵員工發揮自己的價值，而且還能夠讓員工融入到組織的文化之中，影響其他的員工，從而營造一個可信的、向上的組織文化。

展現出管理者的親和力

古云：「天時不如地利，地利不如人和。」「得民心者，得天下。」這是歷朝歷代統治者的共同心聲和體會。

基層管理者必須擁有人格魅力。私下認為人格魅力主要表現在兩個方面，一是工作能力，二是親和力。工作能力上，你肯定要比手下更有出色完成任務的能力，否則你的領導地位只能是暫時的。而親和力上，即使你本領再高強，但缺乏親和力，你也只能獨立去操作一項工作，卻不能發揮團隊的作用，去實現你個人的力量不能完成的更為巨大的任務。

作為一位管理者，特別是基層的管理者，他們都活躍在第一線，直接和員工接觸，他們應該是廣大員工的直接顧問、直接上司，也是直接朋友。有些管理者，視員工為他的下級、工人，為勞役者，甚至視為奴隸，動輒大呼小喚，在工作上過於苛求，過於苛刻，很少跟員工交流，沒有和員工交上朋友，管理上沒有達到人性化。如此，則廣大員工無心於工作，他們被動的在工作，他們往往唉聲嘆氣，沒有得到工作上的樂趣，視工作是不得已的事情，混口飯吃而已。沒有工作的積極性，如此的團隊能造就什麼光輝的業績呢？

有的企業十分重視員工親和力的強弱，尤其是服務行業，把它作為從業人員必備的素養。良好的親和力能拉近企業與員工、員工與客戶之間的心理距離，從而產生最大化的管理效能和經濟效益，這也是企業的最終目的。

親和力是人與人之間資訊溝通，情感交流的一種能力。具有親和力的人，會每天都保持自信樂觀向上的心情去面對每一個人，對每一個人都不覺得陌生，會視他們為熟人朋友故鄉親人，這將使別人加深其信任感。親和力能夠方便與陌生人之間的溝通和交流，人都是有感情的，陌生人當然也不例外，情感的溝通和交流能夠讓陌生人之間建立一座信任的橋梁。信任的建立將會有效的消除人的交流的難度。

當然親和力從本質上來說除了先天因素外，更多的是自身的綜合氣質。它要求你必須具有良好的文化素養，優雅的談吐和大方的舉止等等。在很大程度上來說，親和力是一種可以透過後天的努力來獲得的能力，在日常工作中，要有意識的培養自己的親和力。

許多年前，整個公司財務部門正處於大變革之中：會計電腦化。對於一些員工來說，這是一種非常高效的改革方式。畢竟，透過人工的方式記錄財務資料往往費時費力，而且，這種計算的結果往往會產生錯誤。但是，會計部的一名員工卻持不同的觀點。她一點也不喜歡會計體系的電腦化，她採取一切她可能想到的手段阻撓財務部門改革。她定期向老闆報告，抱怨所有電腦化會計過程中所產生的每一個錯誤。這位員工的報怨一點也不奇怪，因為她在公司裡被稱為「抱怨專家」。公司裡絕大多數人認為她是公司團隊內的另類份子。

財務主管認真的聽完她的抱怨後，對她說：「聽起來你非常關心公司的會計系統改革。你能不能把這些錯誤一一寫下來，並在週末的時候交給我？」到了週末，主管收到了長達五頁的抱怨書。在這份報告中，她列舉出了電腦化會計系統已經出現的各種錯誤，以及將來可能會出現的其他錯誤。在收到這位抱怨專家的抱怨書後，主管把此抱怨書的影本交給資訊管理系統部的主管，並對他說：「這是一名會計對電腦會計系統提出的意見書，裡面是所有關於新會計系統的操作失誤。我希望你們兩個能夠空出時間坐在一起談一談新會計系統，討論一下如何解決這些問題。」

這名會計與資訊管理系統部主管經過幾次交流後，所有問題都得到順利的解決。主管沒有採取迴避的態度，也沒有對這名會計嘮嘮叨叨的抱怨表現出反感與不悅的情緒，他及時與會計溝通，積極的尋找解決問題的方法。雖然會計的倔強態度讓人不悅，但是這件事經過主管的處理，就迎刃而解了。主管非常巧妙的利用了會計的優點：她持之以恆的特長！不但迴避了會計抱怨所產生的負面影響，還和她建立了積極的合作關係。

管理有親和力，要求基層管理者能夠與員工真正融為一體，真心關愛員工。個別基層管理者認為自己是主管、是上級，就一味用自己行政職位的影響力讓員工敬畏，認為與員工保持一定距離才有「威信」，說話才能有力度。有的為了得到上級的好評和別人的尊重，愛做表面文章、投機取巧，很難認真聽取員工們的意見建議。有的與員工之間缺乏共同興趣和共同語言，工作中我行我素，生活中獨來獨往，不願放下身段與員工打成一片。還有個別基層管理者遇到員工出問題、犯錯誤，很少從自身找原因，而是將責任全部推到員工身上，處理方法簡單粗暴。這些問題的存在，有礙組織內部團結，對員工成長進步和部門整體建設的不利影響是顯而易見的。

作為基層管理者，欲知員工須先愛員工，欲管理須先溝通。只有及時準確知道員工在想什麼、需要什麼，做到想得全、問得勤、做得細，始終保持親和心態，真心實意關心員工的成長進步，才能贏得員工的尊重和愛戴，才能有助於管理者開展好各項工作。管理要有親和力，需要基層管理者在員工有困難需要幫助時，能夠及時伸出關愛之手，設身處地為員工著想。要經常找員工談心，了解他們的思想狀況，幫他們解決思想問題。在做員工思想工作時，要遵照關心愛護的原則，從團結的願望出發，真誠平等的交流。

即使員工犯了錯誤，也要客觀公正的進行處理，不能對員工採取歧視態度，不要抓著把柄不放、打擊員工、搞「秋後算帳」，而要耐心說服教育，讓員工知錯即改。管理要有親和力，關鍵是基層管理者要能夠放下架子、認清自己的位置，縮小與員工心靈間的距離。對待員工，要真誠、熱情、公正，多關心體貼，多幫助容納，言而有信，行而必果；自己出現問題時，也要善於接受別人批評，敢於自我剖析並立即改正。當然，管理有親和力，並不是要我們放棄原則，而是在不違背企業規章制度的前提下，堅持與人為善、體貼員工，從關心、體貼、愛護的角度出發，拉近與員工的距離，解決員工的實際問題。

不隨便發牢騷

隨便發牢騷的危害很多：一是製造混亂，使簡單的問題複雜化。有些牢騷帶著個人的情緒，明顯偏激，讓不明真相的人聽了以後，引起誤會，甚至發生嚴重後果。二是使自己的心情變壞，不良情緒始終糾纏在你身邊，令你鬱悶不快，嚴重影響身心健康。三是愈加放縱自己的言行，形成惡性循環，沒有節制，沒有對象，不分場合，胡亂發洩，最後使自己走向孤獨。四是使自己身分降低，顯得你沒有水準，別人會避而遠之。

寇天偉非常苦惱，在公司辛苦四五年了依然還是一個管著七八個人的小主管，沒有混出個名堂來，幾次升遷的機會都化為烏有。是什麼原因，他也說不清楚，他也很苦惱，不知道是什麼原因。

一位即將退休的主管出於關心，透露了一點小祕密。原來是他愛發牢騷造成的，他發牢騷不分場合、地點、時間、對象、環境，隨心所欲，根本不考慮別人的感受，其實很多事情與他沒有關係，由於他亂發表議論，反而讓矛頭指向了他，惹禍上身，他自己還不知道，還在那裡發牢騷呢。

一次，一位和他同一級別的主管上班遲到了，主管批評了幾句，受批評的主管沒有意見，他卻發起了牢騷。說主管管得嚴，不體貼，不關心大家，反正主管有車坐，根本不知道民間疾苦等等。

還有一次，公司組織郊遊，大家都說去某地好，可是他發牢騷說那地方是「鄉巴佬」去的地方，什麼意思也沒有，提出去那地方的人是腦子沒開竅。大家聽了他的牢騷非常惱怒，對他產生強烈的反感。

類似這樣的情況很多很多，這麼多年了，他也記不清有多少了，也不知道傷著誰了。公司主管以前也暗示過他不要老是發牢騷，不但不利於團結，對員工也有不好的影響，有意見和問題當面提出來，加強溝通就可以了，可是他根本不聽主管的話，我行我素。

也有少數管理者心浮氣躁，產生了一些不正常的心態和行為，對公司的種種事情愛發牢騷。有時甚至對什麼都不滿意，什麼時候都不滿意，走到哪裡都不滿意。只要話題一接，牢騷就來了。有的感到提拔無望，精神不振，該做的工作不做了；有的對職務安排不滿意，向公司講條件，對員工發牢騷。在一些基層管理者的腦海裡，他們總覺得自己得到的太少，時不時為房子不夠豪華、排場不夠氣派而大發牢騷。這些「牢騷」發多了，勢必會損害管理者的形象。

運輸公司汽車二班班長常有輝在公司是有名的「牢騷大王」，沒有不發牢騷的時候。只要他在場，別人什麼也不用插嘴，就聽他的牢騷了。他是個大貨車司機，接觸的人多，見到誰向誰發。他開車時也發牢騷，根本不考慮安全問題。其實，牢騷的內容也沒有什麼，就是些工作、生活中的小事。如：開車的補助少了，別的公司補助費高了；公司的伙食不好了；公司的洗澡設施陳舊了；門口的道路該修了；節日禮品少了；費用報銷不及時了；選拔不公平了；工作環境差了；對老員工關心少了；工會活動沒有特色了；某某上班偷懶了；某某女同事上班辦私事了等等。

他的上司多次勸他不要老是發牢騷，有問題可以直接向人提出來，他不以為然。開車時發牢騷，主管也說過他，要他集中精力，注意交通安全，他說技術好，沒有問題。

一次，他開車出去辦事，與坐在車裡的頂頭上司發起牢騷來了。他情緒激動，聲音高大，青筋都暴露出來了。正好汽車要轉彎，他只顧發牢騷，沒有注意對向的汽車，剎車不及，一下撞上了，雙方都有損傷。經過交通事故鑒定，責任完全在他。公司主管狠狠的罵了他，他也表示一定改正。可是沒有多久，他又因為開車途中發牢騷，注意力不集中，發生了車禍，而且駕照也被吊銷了。

一般來說，牢騷源於不滿足。但一些基層管理者的不滿足卻不是對自己，而是對別人、對企業。一些管理者自以為是，總覺得自己比別人高明，喜歡對別人吹毛求疵，只要不是自己做的，就這也不可，那也不行，怎麼看都不順眼，就發牢騷。還有些管理者總覺得公司對不起自己，上司虧待了自己，牢騷滿腹，怨天尤人，就是不肯拿鏡子照照自己。

誠然，基層管理者也是人，不發發牢騷恐怕很難做到，但應該努力做到少說甚至不說。對基層管理者來說，發牢騷是極不明智的態度，對人有害，對己無益，於事無補。對人有害，是指牢騷會渙散人心，影響團結，敗壞士氣，不利大局。對己無益，是指牢騷不僅讓自己無精打采，即使做了工作也會因牢騷太多而惹人厭煩。於事無補，是指牢騷大多是一種消極的發洩，不但不能解決問題，反而會妨礙問題的解決。基層管理者應當具有較高的理智。事實上，那些很少發牢騷的基層管理者不是沒有困難，不是沒有委屈，而是能夠正確對待，能從大局出發看自己，能著眼長遠看眼前，能嚴以律己寬以待人。這是一種修養，一種境界，一種可貴的特質。

品管部郝主管有點才氣，心地善良。可是他有一個弱點，就是自尊心太強，對同事和下屬員工親近，對主管保持距離，理由是怕別人議論自己拍馬屁。長期以來，他覺得自己是靠本事吃飯，總覺得自己的付出沒有得到應有的回報。有時候看到主管沒有自己做得多，甚至在某些專業能力上還不如自己，而享受的待遇卻比自己高，心裡有些不平衡。這樣，他就免不了要在同事中間議論。這個議論的結果是，有同事為了與主管拉近距離而打小報告，主管聽了心裡當然不舒服。於是，主管對他也就疏遠了、不重用他了。時間一長，同事升遷了，待遇比他高了，和主管的關係慢慢僵化，面和心不和。最終，因為沒有被提拔，他認為自己受了委屈，開始發牢騷了。

他發的牢騷都是事實，同事和員工們都知道。有的還當面支持他，同情他。可是最後還是有人出賣了他。儘管他的工作仍然出色，但是主管在肯定了他的能力之後，給他戴了一頂帽子，那就是「驕傲自滿」。這是主管在匿名檢討後大家猜測的。這樣，他就更覺得自己不是普通的委屈了，工作沒有了熱情。他除了繼續發牢騷，開始得過且過，做一天和尚敲一天鐘。

基層管理者要真正做到少發或不發牢騷，必須始終保持一顆平常心，時刻記住自己來自第一線員工，時刻不忘自己的職責，傾盡全力為員工謀利益，在為員工造福中展現才華。千萬不能有了一點成績便自高自大、得意忘形；也不能受不了半點委屈，稍不如意便滿腹牢騷。事情總得來回想想，前後想想，設身處地，將心比心。這樣胸懷就開闊了，心裡就開朗了。有了上下左右之間的相互包容體諒，牢騷怪話也就得到了平抑。

樂觀的面對困難

一支部隊在一次與敵軍作戰時，遭遇頑強的抵抗，隊伍損失慘重，形勢非常危險。某班班長也因一時不慎掉入泥潭中，被弄得滿身泥巴，狼狽不堪。可此時的班長渾然不顧，內心只有一個信念，那就是無論如何也要打贏這戰鬥。只聽他大吼一聲，「衝啊！」。他手下的士兵見到他那副滑稽模樣，忍不住都哈哈大笑起來，但同時也被班長的樂觀自信所鼓舞。一時間，士兵們群情激昂、奮勇當先，終於取得了戰鬥的最後勝利。

無論在任何危急的困境中，都要保持樂觀積極的心態。任何人都會遇到困境，有些人視困境為挑戰，是磨礪自己意志的機會。如果只是一味的逃避、失落、絕望，那迎接我們的一定是失敗；相反，如果以積極的心態面對困境，困境就會消失，轉化成前進的動力，讓我們走向成功。尤其作為一個基層管理者，你的自信，可以感染到無數你接觸到的人。有沒有樂觀自信的態度也直接影響到一場交易的成敗與否。

工作上有困難時，基層管理者要樂觀的對待，做好員工的工作，把困難視為表現和提高能力的機會，團結員工出主意、想辦法、定方案，竭心盡力解決困難，完成任務。對於失敗，應從容鎮定，和員工找原因，尋找解決方案，合力解決。

索羅斯似乎生來就面臨著困境的挑戰。他生長在匈牙利布達佩斯的一個猶太人家裡，因早產差點無法存活的索羅斯，生來就有一種應對困境的天賦，雖然呼吸困難，虛弱的趴在母親懷中，卻沒有發出一聲啼哭，堅強倔強的存活了下來。

少年時代的索羅斯仍然沒有擺脫病痛的糾纏，花了一個春天讀完《聖經》的他，理解了「人是有罪才來到世上受懲罰的」這句話的深意。羅斯在二戰德國納粹的種族滅絕政策下，體會了戰爭的恐怖，選擇隱瞞自己的猶太人身分，勇敢生存下去。雖然逃過一劫，不必再面對生死抉擇，但那段顛沛流離的生活仍深深烙印在他的內心，成了他一生難以抹去的印記。

顛沛動盪、朝夕不保的生活，鍛鍊了索羅斯面對困境絕不妥協的堅強意志，養成了辦事謹慎的性格，而他的投資祕訣：死裡逃生，就是面臨死亡、挑戰困境時帶給他的啟示。索羅斯在他的《金融煉金術》中寫道：「當我還是個少年的時候，第二次世界大戰就給了我死裡逃生的經驗，父親在俄國革命時期就曾死裡逃生。」「情況有利時，槓桿作用可以產生較大的效果，但是當事情跟你的預料不一致時，槓桿作用會給你打擊和破壞。一個非常難判斷的事情就是——什麼樣的風險最安全，還沒有一個普遍有效的標準，每個交易都要根據它自身的特點來判斷。最終，你必須依賴你的本能死裡逃生。」

英國首相邱吉爾十分推崇面對困難堅持不懈的精神。他生命中的最後一次演講，只講了八個字：「堅持到底，永不放棄！」這種精神貫穿邱吉爾一生，他的成功帶給我們啟示：

優秀的基層管理者並沒有什麼祕訣，只要抱著「堅持到底，永不放棄」的信念，就可以取得成功。

困難是對意志的考驗，頑強的意志是成功的必備要素；誓言是對目標的態度，不懈的追求是成功的唯一途徑。缺少堅韌的個性，是絕大多數人無法成功的根本原因。

有位年輕人，一面查看著他那輛嶄新的摩托車被撞後的殘骸，一面對周圍的人說：「唉，我以前都說，要是有一天能有一輛摩托車就好了。現在我真有了一輛摩托車，而且真的只有一天！」周圍的人哈哈大笑起來。對這個年輕人來說，車被撞已無可挽回，但他並沒有看得很重，而是利用幽默的力量，既減輕了自身的痛苦和不愉快，又給圍觀的人帶來了歡樂。

當事情陷入瓶頸的時候，如果只停留在同一個角度思考問題，問題的瓶頸會愈縮愈小，使你無法擺脫。相反的，如果陷入困境時，不再強求自己，不再苛求自己，學會放鬆，學會換一種思維。

一個聰明能幹的年輕人，開了一家汽車修理廠，但他有一種不好的習慣，就是喜歡和人談論他自己的事業不好，成天活在悲觀之中，只要有人問起他的事業狀況，他總是說：「糟糕得很，沒有生意上門，什麼都沒得做，僅能馬虎度日；沒有錢賺，我經營這種生意是我極大的錯誤；如果是領薪水生活，我應該可以過得很好。」

久而久之，此人養成了悲觀的習慣，就算營業狀況很好，他仍發散出使人洩氣的氣息，說出使人喪氣的話，也會使人覺得疲乏與厭煩。真是可惜，這樣有希望與可塑性的青年，竟會如此壓抑自己的雄心壯志，毀滅自己的前途。這樣的消極的狀態和習慣對一個創業者而言，是非常致命的，因為悲觀的情緒會傳染，繼而摧毀其他員工們對公司事業的信仰。

當自己身在樂觀的心理氛圍中，一切都顯得那麼欣欣向榮。這當然會比在一個沮喪、陰鬱環境中，能讓你做出更多與更好的工作成績。沒有任何一個人，可以一方面說著消極話，另一方面又能奮發向上。

態度消極，毋庸置疑是你最可怕的敵人之一。你的工作之所以永遠不快樂與不舒服，是因為你常想像自己是為上司所忽視、輕蔑的，總覺得自己受到各種惡行，受到猜忌、誤解和各種不良行為。事實上，這些想法大多是虛妄且毫無根據的，完全是你消極思想的產物。有這種思想的人，會使自己為四周的悲觀主義的氣氛所苦；總戴著黑色眼睛，使身邊的一切為陰暗所籠罩；除了黑暗外，就再也看不到別的東西。

面對困境時，管理者應該用共同的目標激發員工的鬥志，應更加注重增強團隊成員對公司和團隊的認同感，在滿足員工歸屬感後讓員工有成就感，從而形成強大的團隊凝聚力。其次。創新對於困境中的企業尤為重要，有時候，企業之所以會面臨困境，就是因為過去的制度、工作習慣、處事方式都已經老化。作為管理者，應該有創新的觀念，審視過去的不足，找到新的出口。信任是溝通的基礎，只有彼此之間相互信任，團隊才具有凝聚力。面對困境時，管理者對員工的信任更為重要，因此，管理者應該充分地相信員工可以勝任各自的工作，賦予下屬權利和責任，讓他們更好的展現自己。

對員工一視同仁

工作中，這樣的現象屢見不鮮：上司對一些人倍加信任，視為心腹，對其他員工則處處防範，甚至讓心腹去監視別的員工。把員工分為三六九等：對心腹有求必應，特別優待；對那些與自己不冷不熱的，用小恩小惠進行籠絡或者不聞不問；對那些不聽話的、有稜角的，則尋機在背後使壞。不能公平，勢必打擊員工的工作積極性，產生內鬨，不利於組織的團結。

作為一名基層管理者，對待員工只有一視同仁，公平公正，大度無私，才能最終贏得他們的信賴，使員工與自己同舟共濟，並心甘情願的跟隨你。你不能平等的對待員工，員工自然對你有意見。

不患寡而患不均，不患貧而患不安。意思是說一個國家不怕貧窮，而怕財富不均；不怕人口少，而怕不安定，在一個企業中也是如此。所以，基層管理者一定要對員工一視同仁，不能有任何偏頗，否則，就會引來非議，甚至眾怒。

基層管理者在處理下級關係的時候，要一視同仁，不分遠近，不分親疏。不能因客觀或個人主觀情緒的影響，表現得有冷有熱。比如，有的基層管理者對工作能力強、得心應手的員工，能夠保持親近關係，而對那些工作能力較弱，或話不投機的員工，無法密切相處甚至會冷眼相看，這樣下去關係就會逐漸疏遠。當然，有的管理者本意也許並無厚此薄彼之意，但在實際工作中，難免願意接觸與自己愛好相似、脾氣相近的下屬，無形中就冷落了另一部分下屬。因此，管理者要適當增加與自己性格愛好不同的下屬交往，尤其是對那些曾反對過自己且反對錯了的員工，更需要經常交流感情，防止造成的不必要的誤會和隔閡。

曾經有個公司的管理者，一向公開透明。除必須保密的商業機密外，每季都把明細帳攤給員工看。平時薪資怎麼分配，獎金怎麼發，都是和員工一起討論後決定。他的開誠布公，使員工對經營情況一清二楚，自然也就有當家的責任感。發年終獎更是要公平。這公平不是平均，做好做爛一樣多，而是年終獎金要和績效考核相結合。做得好，拿得多，做不好，拿得少。管理層和普通員工的差距不能太誇張。總之，就讓眾員工心服口服。有一回，天寒地凍，工廠裡一批水果露天堆放，眼看要凍壞了。不需要動員，員工自動自發協助處理。

還有一種傾向也值得管理者注意，有的管理者常常把和下屬建立親密無間的感情和遷就畫上等號。他們對下屬的一些不合理，甚至無理要求一味遷就，以感情代替原則。管理者要明確自己的身分，不要混淆私人感情與工作關係。管理者在交流中要廉潔奉公，不要掉進「餽贈」的陷阱。無功受祿，往往容易上當，掉進別人設下的圈套，從而受制於人。有功於人，也不要以功臣自居，否則施恩圖報，投桃報李，你來我往，自然被「裙帶關係」所纏住，也會受制於人。

餽贈是加強聯繫的一種方式，但在交際活動中極易使管理者誤入歧途。因為有些餽贈的背後隱藏著更大的獲取動機，特別是在有利害衝突的交往中，隨便接受餽贈，等於授人以柄，讓別人牽著鼻子走，這是管理者必須時刻警惕的。

也就是說，他靠工作出色得到了他應該得到的東西，其他方面還是和別人一樣。別人若像他一樣工作，那也能贏得所應該得到的東西。這裡強調的是工作，突出的是公平。如果你把一切特權都授予了他，甚至對他做錯的事也睜一隻眼、閉一隻眼，那麼，你讓別人怎麼向他學習？另眼相待所造成的特殊化，使他和其他人員有了差距和隔膜，別人反而無法也不想向他學習了。人們會因為妒忌、仇恨而消極怠工：他既然這麼得寵，為什麼不把所有的工作都讓給他去做呢？還要我們做什麼？

在公司的度員工績效考核工作中，朱子群績效被評了個A（考核分五級，A：傑出；B：

良好；C：正常；D：需改進；E：淘汰），朱子群很高興，畢竟自己的工作得到了主管的認同和肯定。

績效考核是由各部門主管對員工一年工作績效、任職狀況、工作態度等方面的全面評價。朱子群自認為很好的完成了分內工作：全年沒有明顯失誤，尤其前一段時間經常加班到晚上九點多，很多節假日不休息，表現還是對得起主管的評價。但是當他聽到一個消息後這種喜悅感就沒有了，反而憤憤不平向女友訴苦：

「下午生產部的一個同事告訴我，他們部門的劉大中考核也得了個A，大家都覺得不公平。我聽了很驚訝，第一感覺是不是搞錯了，我並不是嫉妒他而是覺得太不可思議了。這個劉大中每天都利用公司電話跟女朋友聊天，一天要打上三四次有時長達半個小時之久，公司規定用公司電話打私人電話每次不能超過三分鐘。另外他還經常上班玩遊戲，其實在不忙的時候上上網看看新聞公司是允許的，可要是玩遊戲就不成行了。你說就這樣的員工不得個D就算不錯了，竟然能被評為A，是不是有些不公平。還有天天上網炒股的小劉，最後被評了個B，而有的人全年表現都不錯只是出現過個小錯誤就被評為D。我加班努力工作的考核是A，他們天天打私人電話聊天，玩遊戲也是A，考核制度豈不形同虛設？」

一定要給員工一種公平合理的印象，讓他們覺得人人都是平等的，他們才會奮發，才會努力。這樣做，對做出成績的人會有好處，有助於他戒驕戒躁，不斷上進。

德魯克曾說：「管理不是管理人，管理是領導人．管理的目標是充分發揮和利用每個人的優勢和知識。」的確，管理者只有重新理解「管理」這兩個字——管理就是「管己理人」、「修己安人」，通過「理人」、「安人」來「管事」。管理者不要對員工有偏見，也不要另眼相待。這兩個問題，其實是連在一起的，凡是對一些人有偏見的管理者，對另一些人則會另眼相待。對於工作出色的員工當然是應該表揚的，但是，該表揚的時候表揚，該嘉獎的時候嘉獎，平時還是應該與其他員工一視同仁的。

帶頭遵守制度

國有國法，家有家規，對一個企業來說，如果沒有制度的規範和制約，在工作中就會管理無序、效率低下。無論制度是自上而下規定的，還是各方之間達成的共識，都已經成為大家要遵守的遊戲規則。制度的執行，需要基層管理者帶頭，如果基層管理者本身就對制度表現得無所謂，下屬絕對會放大這種傾向，表現在各種行為當中。

工作中，紀律性是每個人必備的基本素養，是對管理者及員工的基本要求。作為企業中的一員，不論是普通員工還是管理者，能否認真遵守企業的各項制度，也反映出能否做到個人服從整體、局部服從大局，能否在企業中與他人良好的合作，特別是當個人期望與企業制度產生衝突時，能否理性對待，直接反映出一個人職業生涯的成熟程度。

遵守制度的典範是重要的身教。作為一名基層管理者，絕不能淩駕於制度之上。如果你能自覺的遵守制度，員工就不會輕易的違反制度。如果基層管理者自己不遵守制度，員工就會步步效法。

曹操出征張繡途中，為安撫民心，便告諭村人父老及沿途官吏，曹軍「大小將校，凡過麥田，但有踐踏者，並皆斬首」。巧的是曹操正在騎馬行軍途中，忽田中驚起一鳩，曹操坐騎躥入麥中，踐壞了一大塊麥田。曹操立即叫來行軍主簿，要求議罪，主簿十分為難，曹操卻說：我自己下達的禁令，現在自己違反了，假如不處罰，怎能服眾呢？這時謀士郭嘉引用《春秋》為其開脫，此時曹操便順水推舟，說「既《春秋》有『法不加於尊』之義，吾姑免死」，以劍割下自己一束頭髮，擲在地上對部下說：「割髮權代首」。叫手下將頭髮傳示三軍。將士們看後，更加敬畏自己的統帥，沒有出現不遵守命令的現象。

對企業來說，一套完備的規章制度是必不可少的。但制度建立後的執行還需要我們以更大的努力、更多的堅持去維護和完善。「制度面前人人平等」的原則誰都懂，但很少有人能夠真正將其落實到自己的行為當中！執行一次兩次不難，難的是長期堅持執行。「把簡單的事堅持做好就是不簡單，把平凡的事堅持做好就是不平凡」。因為我們所有的人都有一個成功的夢想！

制度是一種要求大家共同遵守的辦事規程或行動準則。對於企業來說，制度其實就是告訴員工正確做事方法。因此，制度首要的就是全體成員的「共同遵守」。有了「共同遵守」，制度才在現實上有了意義。制度的落實離不開團隊成員的協力合作和共同努力。

有個工廠經營不下去了，被一家外企收購。此時工廠的員工們既有一種求生的渴望，又有一種對前途的擔心：一方面員工害怕裁員，自己要面對失業的困境；另一方面，員工希望新的老闆能使企業起死回生，讓大家能夠獲得工作和生活的穩定。新上任的管理者並沒有採取什麼新的改革，只是找出原廠制定的規章制度，讓所有員工學習並且切實落實。幾個月過去了，工廠開始扭轉局面，一年過後開始獲利。

這一案例告訴我們，沒有大家的合作與協力，制度只是一紙空文，無法得到很好的落實；只有大家一起努力，一起遵守，制度才有意義，團隊和企業才能獲得發展。這告訴我們團隊基層管理者要帶頭落實制度。

古人說：「行之以躬，不言而信」，只有定了就辦，說到做到，才能取信於民。在執行規章制度的問題上，基層管理者言而有信，帶頭遵守，其意義比口頭宣傳一百遍制度如何重要還要重要得多。一則基層管理者帶頭遵守制度是一種示範、一種導向，可以增強制度的權威性，帶動身邊乃至更多的員工相信制度、遵從制度，逐漸養成按制度辦事的良好習慣；二則基層管理者帶頭遵守制度，可以使自身形象強硬起來，從而對違反制度的人和事敢抓敢管，使那些違規違紀的員工心存畏懼，不敢貿然違規行事，這樣遵規守紀的員工就會增加，違規違紀的人就沒有了市場，就會形成自覺按制度規定辦事的好風氣。

第三章 學會和上司和睦相處

與上司保持良好的關係，是與你富有創造性、富有成效的工作相一致的，你能盡職盡責，就是為上司做了最好的事情。但是，與上司的相處和交流也是一門學問，既要端正心態，更要學會技巧。

盡職不越位

許多基層管理者由於不明白自己的位置，弄得頂頭上司尤其是那些心胸狹窄的上司很不高興，對此耿耿於懷。於是，處處刁難你，或不動聲色的給你「穿小鞋」。恐怕許多人都有過這種經歷。既然你的角色是基層管理者，那麼就放聰明些，學會找到自己的角色定位，在自己的職位角度上有節制的出力和做人，切忌輕易「越位」。

森林裡，老虎大王有一位十分得力的狐狸祕書，只要老虎吩咐的工作，狐狸總會一絲不苟的安排下去。有一天，老虎吩咐狐狸說：「我要開會，你去通知一下。」狐狸便走街串巷，一邊敲鑼，一邊喊道：「大王通知開會，大家都要到齊。」猴子正好經過，便好奇的問狐狸：「狐狸祕書，今天為什麼開會？」「不知道，」狐狸說，「大王通知開會，你只要參加便是。」猴子不屑的說：「有什麼了不起的。瞧你那得意的樣子，不就是開會嗎，跟我還保密啊。」狐狸其實不知道老虎的葫蘆裡裝的什麼藥，也只好默默承受了猴子的冷言冷語。

沒過幾天，老虎再次將狐狸叫到跟前，說：「你通知大家趕緊到我這裡來，我有急事要和大家商量。」狐狸上次在猴子那裡受了委屈，便想知道老虎這次開會的內容，問道：「大王，有什麼急事啊？」「我老了，實在做不動了，想找人接班。猴子和狗熊不是一心想當森林大王嗎？我想讓大家投票，選出一個新的大王。」老虎解釋道。

狐狸來到街頭，依舊邊敲鑼邊喊：「大王通知開會啦！」猴子聽到鑼聲，便問狐狸：「狐狸祕書，今天又開什麼會呢？你不會又是『不知道』吧？」狐狸湊到猴子耳邊說：「猴哥，大王說自己老了，要在你和狗熊當中選新的大王。」猴子一聽，興奮的蹦了起來，拉著狐狸的手，高興的說：「我當上大王後，定要重用你！」

猴子得到了消息，便加緊準備，在森林裡拉了許多選票，結果當上了大王。狐狸前來表功，沒想到猴子卻說：「要知道，大王都不喜歡多嘴多舌的下屬。你這次敢將老虎大王這麼機密的事告訴我，難說下次你不會替我代言！你還想邀功請賞賜，做夢去吧。」說罷，便辭退了狐狸。

這則寓言告訴我們：上司的話不要亂傳，更不要替上司代言，否則會惹火燒身、禍從口出。在職場上，與上司相處，就要格外小心。作為基層管理者，在上司面前，要做到「獻策不決策，管家不當家」，上司的話不要亂傳，上司的話不能代說。糊塗的基層管理者，總認為自己替上司代言，是為了將工作落實下去，替上司排憂解難，可是卻忽視了越位規則。聰明的基層管理者總是能做到時時處處小心謹慎，從不替上司做決定，也從不越俎代庖。

超越了自己的身分，胡亂表態，不僅是不負責任的表現，而且也是無效的。對帶有實質性質問題的表態，應該是由上司授權才行，有的基層管理者卻沒有做到這一點。上司沒有表態也沒有授權，他卻搶先表明態度，造成喧賓奪主之勢，這會陷上司於被動，這時，上司當然會很不高興。

有個雜誌社為一個作家做了一期專訪，雜誌出來以後，這個作家收到了一本，他想多要幾本送給朋友，便打電話給雜誌社主編。主編不在，雜誌社裡一個小姐接了電話。「麻煩你轉告一下主編，我希望多要幾本這期雜誌。」「這個啊，沒問題！您直接派人過來拿就行。」小姐爽快的說。

作家正打算驅車去拿雜誌時，就接到主編的電話：「對不起！剛才我不在，雜誌收到了吧？我剛才派人給你多送了幾本過去。」停了一下，主編又說：「可是，對不起，我想知道是哪位小姐說您可以立刻過來拿。」作家很奇怪，問道：「有問題嗎？」「當然沒問題，您要十本都可以，我只是想知道，是誰自作主張。」

事情的結果可想而知，那位自作主張的小姐免不了受到上司的一番責備，她在主編心目中的印象也肯定會大打折扣。

既然是別人點名找你的上司，作為下屬就該轉告，而不是替他做主。雖然只是一句話而已，但本來可以由上司賣出的人情，卻被你無意揮霍了。想想看，上司能不為此反感嗎？

上司反感下屬的自作主張，其實不在於他的擅自決定給工作帶來的損失——通常說來，這種損失是微小的。上司真正在意的是下屬越權行事的行為，以及這種做事風格所反應的下屬心中對上司的重視程度。儘管這種行為不一定說明下屬不注意上司的存在，不把上司放在眼裡，但在上司的理解上，往往會把這種行為與下屬對自己的態度連結起來，最後認定這種做法不僅是對自己的無視，也是下屬工作經驗與能力欠缺、辦事不穩重的表現。這樣一來，你無意中的行為，可能給你帶來的就是上司以後的冷遇與不信任。這種誤會與不信任，可不是一朝一夕能夠改變的，對員工前途的損傷，也是難以彌補的。

上司就是上司，下屬就是下屬，不要自以為聰明，就可以自作主張，真正的好下屬要懂得什麼時候該說什麼時候該做！

魏書徵進入公司不到兩年，便成了上司的得力幹將，上司也有心想提拔他。一天，上司將魏書徵叫到辦公室，將一個新工作交給他，說：「這是公司今年最重要的專案，這個工作做好了，不僅為公司即將上市的計畫打下堅實的基礎，而且你本人也會更有發展。你可要認真對待，別辜負我對你的期望哦。」

魏書徵拿到企劃書，聽到上司一番肺腑之言，心裡湧起的感激和希望無以言表。突然，魏書徵想到自己所負責的市場部門今天要去談判，考慮到人多坐長途車不方便，也會使員工感到疲勞，這樣勢必會影響談判效果。如果叫一輛車又坐不下，兩輛車費用又太貴，想來想去，魏書徵覺得包一輛巴士既經濟又實惠。

想到這裡，魏書徵卻沒有直接去辦理。因為三年來的職場經驗讓他懂得，遇事向上司匯報是完全有必要的。於是，他找到上司，把幾種方案的利弊一一做了詳盡的分析，接著說：

「我決定包一輛遊覽車去！」匯報完畢後，魏書徵信心滿滿的等著上司誇讚。事與願違，讓魏書徵沒有想到的是，上司板著臉語氣生硬的說：「可我認為這個方案不太好，你們還是買票坐車去吧！」魏書徵思前想後，覺得自己合情合理的建議不該被一票否決。但是，上司下了決策的事情，就是「聖旨」，再想改過來，談何容易。

魏書徵對三個方案可謂考慮得十分盡心盡責，而且所考慮的經濟利益都是站在公司的角度，但是他卻忽略了重要的一條，即替上司做了決策——「我決定包一輛遊覽車去！」魏書徵這樣的措辭，無疑凌駕於上司之上，他豈能聽得悅耳順心？要知道，上司都是喜歡「高人一等」的，即便下屬再有能力，也不可能讓下屬代替自己拍板定案。如果魏書徵這樣說：「我現在設想了三個方案，各有利弊，想得也不周全。您經驗豐富，請您為我們『指引明路』。」這樣看似恭維上司的話，卻能收到良好的獻策效果，上司自然滿心歡喜的下自己的決策。因此，基層管理者在獻策獻寶的時候，千萬不要替上司代言，一定要給上司預留決策空間，否則不但不會讓上司高興，而且有可能在上司面前出洋相，被批得體無完膚。

不替上司做決定

從工作上來說，下屬自作主張帶來的後果，往往都不會是十分嚴重的。因為，沒有一個基層管理者笨到不知輕重，敢於擅自替上司做出關乎公司整體利益的主張！上司反感的並不是你自作主張的內容，也不在乎你的主張給公司帶來了什麼，他們在乎的是這種行為對自己的不尊重！他們還會認為，下屬缺少工作經驗，辦事不夠穩重。

作為基層管理者的你必須時刻牢記一條：上司永遠是決策者和命令的下達者，無論你有多大的把握，無論你代替上司決定的事情有多細微，都不能忽略徵求上司同意這一關鍵步驟。

一天，老闆遞給孫軾一封信，告訴他一定要將信發出去，並生氣的說：「李頭那個鬼東西，我把他好好罵了一頓！」孫軾一聽，就知道是昨天的事。一名姓李的老闆的材料價格比較高，而另一名姓張的老闆的材料價格比較便宜。李老闆和公司一直長期合作，當時老闆很生氣的問李老闆：「我都買了你一年的材料了，你還給我這麼高的價格？你看人家張老闆，價格就是比你低！」孫軾當時就想提醒上司：「也許，這兩家廠家的材料品質不同？」但是，看老闆在氣頭上，就沒有說什麼。老闆訂了張老闆的貨，而沒有理會李老闆。此時，放在孫軾手中的信，其內容一定是罵李老闆的！

孫軾拿不定主意，到底應該怎麼做呢？作為一名基層管理者，孫軾要做的就是立刻將信寄出去，但是如果寄了，萬一張老闆的貨真的有問題，老闆再回過頭來找李老闆，李老闆未必願意將貨發給公司。此時吃虧的還是公司啊！本著對於公司的愛護，孫軾覺得這信不該寄。但是他也知道老闆的脾氣，如果不寄這信，將來就算自己做對了，老闆也不會感謝自己，還會覺得孫軾很「危險」——老闆交代的事情竟然不做！怎麼辦才好呢？

想了好久，孫軾決定跟老闆談談。他敲開了老闆的門，老闆問：「信寄了？」孫軾忙說：「還沒有。我突然想起了一件事情！」老闆一愣，孫軾接著說：「我上個星期和弟弟吵架了，他幫我買的一條牛仔褲和我買的是一個牌子，但是我買的比他買的便宜一百塊錢，當時我說他不仔細比價，但是今天我突然發現自己買的那條品牌褲子是假的。所以我想，在寄信前給弟弟打個電話，向他道歉。因為弟弟明天就出差了，我怕……」

老闆聽到他這樣一說，忙揮手說：「你先別寄信，打電話給你弟弟吧。我等兩周後再決定是否要寄這信。」孫軾笑了。兩周後，老闆發現張老闆的材料品質確實不行，而此時老闆還可以繼續和李老闆合作。

假如你有一名員工，不聽從自己的命令，自作主張的把自己要他立刻發的信，壓下幾個禮拜不發，那麼你會怎麼想？你會覺得身邊有這樣一個「黑箱作業」的人不放心。因此，當自己有所決定的時候，即使是有利於公司的決定，也一定要學會引導上司說出來，上司畢竟就是上司，事情還是得他做主。

李建軍受上司委派參與下屬一個新部門的設立。新同事一來，李建軍便和大家打成了一片。由於新部門剛剛設立，很多工作開展起來並不順利，加上環境也比較艱苦，薪資待遇又不高，許多人員都打起了退堂鼓。有一段時間，部門幾乎天天要加班，大家工作十分辛苦，卻又看不到明顯提高的效益，情緒十分低落，不少人便開始質疑新部門的前景。

這天，李建軍敏銳的覺察到了大家的情緒，便將部門同事召集到一處，熱心的提出到附近去聚餐。席間，李建軍與大家聊天談心，便聊到了部門的發展前景。可是，這幾個月來，大家都不看好部門的前景，聽到李建軍談發展前景，幾位同事只是唉聲嘆氣，喝起了悶酒，鬧得不愉快。

李建軍看在眼裡，急在心裡，本來他是想借這次聚餐，說點積極的話，讓大家有些信心，好好努力。可沒想到，自己談發展前景的事卻刺激了大家敏感的神經，該怎麼辦？想到這裡，李建軍便想起了自己在組建新部門之前，主管和自己的一番談話，當時主管說：「你這次明面上是到下級單位去組建新部門，其實你是不降反升。只要你能成功的將部門設立起來，有良好的業績，就是功臣，到時候上面會將你調上來，說不定到時候，我們就平起平坐了。還有，你的幾位副手也將和你一起調上來……」於是，李建軍站起來舉杯道：「大家可能不知道，其實我這次組建新部門，將來有了效益，你們當中業績突出者，都將會調升……」聽到這話，大家立馬有了興致，高興的喝起了酒。

正如李建軍所料，他的一番激勵的話，穩定了人心，換來了部門良好的績效。但是，讓李建軍感到意外的是，有人將李建軍的一番話告訴了上司。結果，李建軍所帶的幾位副手平步青雲，可他卻還在原地打轉。

李建軍為了激勵下屬，藉長官的話去鼓勵他們，出發點也是為了提高部門的績效，激勵下屬工作的積極性。可是，他卻聰明反被聰明誤，拿上司的「恩情」收買人心，結果使得上司對下屬的間接關係打了水漂，下屬的「感恩戴德」全部加在李建軍一人身上，自然會招來上司的怨恨，李建軍只能「豬八戒照鏡子——裡外不是人」了。將上司對下屬的關照獨攬於身、借花獻佛，只會招致上司的不滿，甚至還會暗中刁難。

當好助手和下級

上司不是神仙，也會偶有過失和不足之處。作為下屬真誠、友善的指出上司的失誤，並盡心盡力為上司排憂解難。對上司的某些不盡完善之處，不冷眼旁觀，不冷嘲熱諷，而是積極主動的幫助上司，急上司之所急。同時，透過各種途徑，選擇恰當的時機向上司陳述自己的意見或方案，幫助上司度過難關，這種真誠踏實的做法會讓上司銘記在心。相反，如果下屬在上司身處危境之時無動於衷，就很可能被上司情急之下當成「擋箭牌」，即使自己有再大的委屈，也百口莫辯。何況不挺身而出，確實非君子所為。

在上司身處逆境時傾力相助，表現出挺身而出的勇氣和獻計獻策的忠誠。儘管絕對的「如影隨形」，一味的「愚忠」已無必要，但「樹倒猢猻散」的思想和行為確實突顯了人性的自私與功利，並不利於個人品格的修養，從長遠來看，也不利於個人的成長。

作為基層管理者，有時可以參加企業的一些重大決策，但是該由誰來做出決策，卻是有限制的。在企業，自然只有上司才能表態。當遇到這樣的情況，基層管理者只能向上司提出一些有建設性的意見，這樣不僅是對上司的尊重，同時又給了上司一些正確的建議。基層管理者不要不知輕重，為上司代言。

郝強國在一家私人企業擔任行銷主管，深得上司的信任。上司因為器重郝強國，除了在工作上信任他外，在生活上也常常對他推心置腹。

一天，上司將郝強國叫到辦公室，說：「強國，我從小父母雙亡，是哥嫂將我扶養大的。我現在在這麼大的公司當老闆，不能不知恩圖報。但是，自從我姪子來到公司之後，他不僅不工作，還胡亂花錢。我哥嫂管不住，我更拿他沒辦法。你說，我是用他呢，還是不用他呢？」郝強國笑著說：「你都說了，你也拿他沒辦法。自然是不用為好。」

「那好吧！」上司嘆氣的說，「你替我跟那小子說一聲，讓他下個星期就不用來上班了。」

過了一個月，上司又將郝強國叫到辦公室。這一次，上司板著臉，說：「我姪子被我開除了，整天遊手好閒，我哥嫂找了我好幾次，罵我無情無義，搞得我現在是有家都不敢回。前幾天，他和人打架，被警察抓了個正著，我去為他擔保。沒想到，昨天他又和人打架，我今天只得再次厚著臉皮去做擔保，沒想到他不願出來，你猜他怎麼說，他說：『你要是不給我安排工作，我就天天與人打架！』志強，當初可是你為我做的決定，這次你還得幫我……」

郝強國疑惑的望著上司，說：「我什麼時候替您做過決定呀？」「是你說，自然是不用為好呀！」上司大聲喊道。「可是……」郝強國委屈的想做解釋。沒想到上司擺擺手，有氣無力的說：「算了，你出去吧。」從此，郝強國在上司面前失寵了，兩人出現了隔閡，郝強國覺得再待下去也是浪費時間，只得離開了公司。

郝強國仗著自己是上司跟前的紅人，竟然代上司做決定。當事情出錯後，上司自然將罪過算在郝強國的頭上。試想，當初郝強國如果這麼說：「你要開除你姪子，我不反對。但是人在世上，有些東西是要放在在第一位的，比如說手足情，如果你將來遇到了困難，或者有什麼不測住進了醫院，天天照顧你的必定是你最親的人。因此，我建議你要認真考慮考慮再做決定。」正所謂疏不間親，郝強國如果只是幫助上司分析客觀原因，遇事不替上司表態，當出現麻煩的時候，上司自然不會把錯歸在他身上。

不管上司是怎樣性格的一個人，作為下屬，首先要端正工作態度，將敬業、認真放在第一位，同時保持熱情。企業是一個講效率的地方，如果做事總是慢半拍，即使再認真，也不會讓上司滿意，相反，還會認為是其能力不夠所致。同時，工作中要積極主動，如果能在完成工作任務的前提下，再主動承擔一些工作，這不僅能讓上司看到下屬的努力上進，更重要的是，它鍛鍊了自己的能力，這是一生都受益無窮的。

當一個人把更多的時間都用在工作中時，自然就少了抱怨和不滿。少發牢騷多做事，這也是辦公室生存法則之一。如果把工作做到了更好，就能獲得上司的承認，同時也需要對上司保持一種不卑不亢的態度。要知道，上司的嚴厲很大原因是為了把工作做到最好，而從其內心而言，他也並不希望下屬害怕他。因此，既不必把他看作極端可怕的「鬼」，也不用將他奉為慈悲為懷的「佛」，而是要保持一顆平常心。

下屬要嚴格遵守上下級關係，一方面是為了「上令下行」的貫徹實施，同時也是為了企業上下能夠團結一心的完成任務。如果下屬不能恪守工作規則，對上司的指示充耳不聞，或者擅自做主、更改上司的意願等，這樣勢必造成企業內部管理的混亂；對下屬而言，要想在企業中謀求生存發展，顯然也是不可能之事。另一方面，下屬應明白自己的定位，不管和上司交情有多深，對上司有多麼熟悉，在工作中切不可越位，言談舉止也要適當規範。這是基本的尊重。

對上司的尊重更表現在對工作的利益分配上。即使自己為工作的順利完成扮演了關鍵作用，也不應居功自傲，而應看到上司在各方面給予的指導。即使沒有上司的指點，若仍能把功勞歸於上司，這種「禮讓」的做法一定會獲得上司的好感。不僅如此，作為下屬也會在以後的工作中受到上司更多的幫助和支持。即使沒有得到上司的回報，但從長遠的眼光來看，上司至少也會對你心懷善意。

一個部門的每個成員不可能都是同等學歷、同樣專業、同樣經歷。即使學歷和專業一致，也還有地緣、資歷的差異；即便是同等經歷，也還有實踐和悟性的差異，所以就必然會有學識和技能的差異。這種差異性可以說是一種永恆的現象，從一定意義上說，這種差異性也正是保持一個部門和諧統一的基礎。就如配中藥，如果一劑藥有十味全都是人參，或者全都是甘草，試想這種表面的一致性，能達到去病除疾的目的嗎？絕對是事與願違！因此，基層管理者一定要自覺的進行知識互補，既揚己之長，也助其避己之短。要知道，機車能載重，渡水不如舟；駿馬能歷險，耕田不如牛。

不與上司開過頭的玩笑

玩笑開得好不僅可以增進自己和上司的關係，還能使你整個人充滿魅力。但如果玩笑有人身攻擊的成分，就是玩笑過頭了。很多下屬喜歡和上司開玩笑，卻從來不知道玩笑過頭是開不得的，其實，玩笑展現一個人性的弱點：面對一個人或一件事時，會不自覺的挑剔，這是一種習慣。

玩笑常開過頭的人一定是熱衷於挑剔的人，這類人往往被視為「刻薄」，容易引起他人反感。同事或朋友、同學之間，也許一笑了之，但如果冒犯了上司的尊嚴，其後果是嚴重的。

錢明明上學的時候就非常聰明，老師說他的腦子活，言辭犀利，還有豐富的幽默細胞。無論上學還是工作，錢明明都是大家的一顆「開心果」。儘管如此，他在這家公司已經工作三年了，仍然只是一名倉庫管理員。到底是什麼原因讓他在工作上沒有轉變，錢明明自己也說不好。

那天，錢明明向研究心理學的表哥提到了這個問題，表哥問他：「你平時有沒有在言辭上對上司不敬啊？」錢明明一愣，平時除了愛開玩笑，沒有其他的毛病了，難道是自己向上司開玩笑引起的？於是，錢明明想到了最近的幾個玩笑。

一天，上司穿了一身新衣服來上班，灰西裝、灰襯衫、灰褲子、灰領帶。同事都沒有說話，只有錢明明高聲的喊著：「哎呀，穿新衣服了？」上司聽了咧嘴一笑。錢明明接著捂著嘴笑：「哈哈，像隻灰老鼠！」

還有週五的時候，來了個客戶找上司簽字。當上司簽完字以後，對方連連稱讚上司的字好，說：「您的簽名可真氣派！」錢明明正好走進辦公室，聽到稱讚聲後，一陣壞笑：「能不氣派嗎？我們主管可偷偷練了三月呢！」當時錢明明注意到上司和客戶的表情都很尷尬，不過他也沒有多想。今天仔細一想，好像問題都出在這裡。有時為了趕時間，很早就去公司上班，所以加班時會滿身疲憊，難免出點差錯，上司不僅不體諒，還不分青紅皂白的說他偷懶，怎麼解釋都不行。當時覺得很委屈，目前看來，好像都不是！

不要拿上司的缺點或不足開玩笑。你以為你很熟悉對方，隨意取笑對方的缺點，但這些玩笑話卻容易被對方覺得你是在冷嘲熱諷，倘若對方又是個比較敏感的人，你會因一句無心的話而觸怒他，以致毀了兩個人之間的友誼，或使同事關係變得緊張。而你要切記，這種玩笑一說出去，是無法收回的，也無法鄭重的解釋。到那個時候，再後悔就來不及了。

玩笑開得過頭，對方聽了心裡就會不舒服。在上司面前尤其如此。事實上，沒有幾個人真正喜歡你開玩笑過頭的，這裡包含了太多的不尊敬和戲弄成分。

如果你是企業基層管理者，無論日後是想仕途得意、平步青雲，還是想就此默默無聞的過太平日子，都有必要注意開玩笑的藝術，哪怕是最輕鬆的玩笑話，都要注意掌握分寸。

公司做銷售的幾個人在一起，會不停的說話。因為說話就是他們的工作！平時在辦公室裡，李偉和下屬開玩笑都成了家常便飯。後來他和上司在一起也免不了開玩笑。並且，李偉一直覺得和上司開玩笑能拉近雙方的距離。然而，李偉想錯了！

一次，上司帶著李偉出差，兩人寒暄了幾個工作上的問題之後，就開始沉默了。銷售出身的李偉，最怕的就是這種沉默的氛圍，這種大眼瞪小眼的氣氛簡直讓人窒息，一定得說點什麼打破僵局。於是，李偉開始和上司聊天了。但是李偉從來也沒有和上司單獨在一起過，不知道該說些什麼。本來想和上司開個玩笑，緩和一下氣氛的，但是突然想到了另外一件事情。李偉清楚的記得一個老同學對他說的，和上司一起出差，路上向上司開了個玩笑。其實也沒有說什麼，就是在形容上司服裝顏色的時候，指著一名乞丐對上司說：「您看，您的衣服和那名乞丐的衣服顏色是一樣的！」沒有想到上司當時就拉下了臉，並非常生氣的告訴他：「你要懂得尊敬別人，特別是你的上司，不要和上司開過分玩笑。」同學覺得特別委屈，他哭喪著臉說：「當時我是順口說出的，因為那種顏色太少見的，突然看到，就沒有管住自己的嘴巴。你說他是上司，連這點胸襟都沒有。真夠鬱悶的！」想到這裡，李偉閉上了愛開玩笑的嘴。

突然，李偉瞥見上司腳上穿著一雙閃亮的皮鞋，非常顯眼，於是就說：「主任，您這雙鞋子很有品味，在哪裡買的？」原本只是沒話找話，但上司一聽，頓時眼睛放光。「這雙鞋啊，我在香港買的，世界名牌呢！」上司的話匣子一下子打開了，開始滔滔不絕的講述自己在服裝搭配上的心得，還善意的指出李偉平時在工作中穿著的不足，兩人言談甚歡。下車的時候，上司意味深長的說：「小李啊，看來以前對你的了解太少了，今後你好好做。」李偉聽了之後，心裡很開心。

讚美上司的服裝，或向上司訴說辦公環境的幽雅等都是很好的交談方式，這些不會觸及誰的利益，也不會使自己因話語而引起上司的反感！

不要以為捉弄人也是開玩笑，捉弄別人是對別人的不尊重，會讓人認為你是惡意的。而且事後也很難解釋。它絕不在開玩笑的範疇之內，是不可以隨意亂做亂說的。輕者會傷及你和同事之間的感情，重者會危及你的飯碗。記住「群居守口」這句話吧，不要禍從口出，否則你後悔也晚了！

不同的場合有不同的要求，開玩笑尤其如此！用玩笑替上司做決定，一是顛倒了上司、下屬之間的關係；二是沒有注意場合，對上司表示了很大的不敬！同樣一個問題，也許你覺得沒有什麼，然而你的上司會覺得問題很嚴重。這就需要平時自己的努力了！首先要學會寬容，學會挖掘別人的優點。只有你的眼睛裡都是對方優點的時候，你的玩笑開起來才會動聽一些。其次，在和上司單獨相處時，可以去讚美對方的衣飾細節的變化，這樣能迅速拉近雙方間的距離。案例中的李偉就是用了這個方法，不僅迅速打破了和上司之間的僵局，而且還了解到不少上司的喜好。

對錯誤不盲從

「工作守則第一條：上司永遠是對的；第二條：如果發現上司錯了，請參照第一條。」這句話強調了上司對員工的絕對領導關係，但這並不表明上司向你下達的所有指令你都必須執行。但也不能盲從，上司說一是一，說二是二，你只會鞠躬哈腰，那他不如養條狗了。下屬也應是有思想的，向上司匯報工作就要說個一二三，有幾套方案供上司選擇，而不是有問題困難就往上交；上司一拍板，就這樣吧，你急忙奉承說好。結果是一塌糊塗，責任是誰呢？首先是你的辦事不力，主管可能罵你成事不足敗事有餘。

在工作中，上司也有向你下達不該執行的錯誤指令的時候，比如要求你撒謊。我們在辦公室經常遇到這樣的情況：上司不想見一個人，或者不想聽一個人的電話，就叮囑你說：「某某找我的時候，就說我不在。」雖說誠實是做人之本，是職場中取得事業成功的必備美德，但是這時你一般都要遵照上司的話去做，撒謊說上司不在辦公室；若對方繼續問，就說上司出差了，或者開會去了。如果你拒絕執行，絕對會得罪上司，並且可能失去工作。

一位石油大亨到天堂參加會議，一進會議室，發現座無虛席，自己沒有地方入座，於是他靈機一動，喊了一聲：「地獄裡發現石油了！」聽到他這麼一喊，天堂裡的大亨們紛紛向地獄跑去，很快的，天堂裡就只剩下這位後來才來的石油大亨。過了幾天，石油大亨心想，大家都到地獄去了，難道地獄裡真的發現石油了嗎？於是，他也急忙跟著其他人的腳步，跑到地獄裡去了。

看完石油大亨的故事，或許你會覺得可笑，但事實上，類似這樣盲目跟隨，毫無獨立思考、判斷能力的例子，經常發生在企業管理的過程中。因此，一個優秀的管理者，絕對不能盲目的跟從他人，而要努力提升自己的眼界與判斷力，如此一來，決策才能收到成效，也才不會為企業組織帶來不可挽回的損失。

貞觀元年，右僕射封德彝等奏稱要讓中男十八歲以上簡點入軍。詔書連下三四次，魏徵執奏以為不可，封德彝重奏道：「今見簡點者之次男內大有壯者。」太宗大怒，曰：「中男以上，雖未十八，身形體大，亦取。」令魏徵及黃門侍郎執行。兩人考慮到太宗此舉完全違背了有關兵役年齡的法令，勢必會引起百姓不滿，所以仍然理直氣壯的說道：「臣聞竭澤而漁，非不得魚，明年無魚。……若次男以上盡點入軍，租賦雜徭，將何取給？……陛下每云取信於民，然自登基以來，大事三數件，皆是不信，復何以取信於人？」太宗聽了不得不承認說：「我見君固執不已，疑君蔽此事，今論國家不信，乃人情不通，我不尋思，過亦深矣！」於是停止簡點中男入軍之令。魏徵的一番話，可謂入情入理，太宗想怒也怒不起來了。

在這種無可奈何的情況下，偶爾撒撒小謊，對他人並沒有造成多大的傷害，也是無可厚非的。但是，如果上司讓你撒個彌天大謊，如做假帳，這時無論上司怎樣威逼利誘，你都要拒絕。你可以提醒上司：「你讓我幫著你犯罪嗎？」如果上司還不覺悟，你寧可辭去工作，也不要跟上司同流合污。如果你怕失去工作而懷著僥倖心理做了，一旦東窗事發，你的前途就被自己葬送了。況且，如果碰到老奸巨猾的上司，利用你的忠誠陷害你，到時候出問題就把責任全部推到你身上，讓你一個人背黑鍋，你就跳進黃河也洗不清了。當上司讓你做一件涉及到違法犯罪的事情時，你一定要拒絕。

SARS期間，有一家公司的上司想藉機報復競爭對手，他找來了對自己忠心耿耿的下屬，讓下屬打電話給防疫中心，謊稱那家公司裡發現了多名疑似患者。下屬遵照執行，搞得有關人員著實緊張了一陣。後來警方經過調查，查到了那個下屬頭上。

在警方訊問人員的強大攻勢下，那名下屬說出自己是受上司指使。上司卻說自己並不知道這件事，他也沒有指使下屬打電話，更不知道下屬要做這樣愚蠢的事，甚至說如果事先知道這件事，他一定會嚴厲制止下屬的行為。下屬拿不出證據，只好自己背黑鍋。這就是一個員工讓他的頂級上司抓住把柄後產生的一個惡果。

下屬的盲從讓上司抓住了把柄，留下了推卸責任的藉口，也毀掉了他在職場苦心經營建立起來的一切。這時千不該萬不該，最不該的是盲從上司，去執行一件不應該接受的任務。

忠誠並不是絕對服從。當上司向你下達任務時，你應該學會分析辨別，哪些是必須執行的，哪些是要堅決拒絕的，然後去做正確的事，這樣才不會犯錯誤，影響自己的前途。

以下有幾個建議，你可以參考：

一是冷靜面對上司。有的上司可能比較威嚴，在公司裡整天板著臉，讓膽小的員工感到戰戰兢兢，上司一安排任務就慌慌張張的接受；有的上司恰好相反，對待員工平易近人，讓員工對分配的任務很難說出一個「不」字。無論面對哪一種上司，你都要冷靜的應對，這樣你才不會在沒有充分考慮的前提下草率的接受任務。

再來要權衡利弊。上司的某些指令，你憑直覺就能察覺出是錯誤的，是不可執行的。而有些指令，雖然是不應該執行的，可是上司進行了偽裝，讓你一時感覺不出來。這就需要你在接受上司安排的任務時進行冷靜的思考，權衡利弊。如果確實該做，就要毫不猶豫的去執行。如果是不應該做的，並且對自己遺害無窮，那就想方設法拒絕。

黃志堅是某部門一名得力員工，常跟主任外出處理公事。這位主任有個不良嗜好，就是工作之餘喜歡沒日沒夜的打麻將，而且不來點「刺激」不罷手。有些下屬投其所好，極盡巴結、奉承之能事。有一次該主任叫黃志堅也跟著去「湊個熱鬧」，說下邊的人看在我的面子上是不會虧待你的。黃志堅坦率的說：「主任，你知道我這人不喜歡玩牌，再說他們當中有些人老是在你面前輸得一塌糊塗，恐怕是有備而來的。」主任臉有慍色：「難道你認為我的技術比不上他們？」黃志堅說：「恕我直言，一個下屬如果老是在非工作場合給上司利益，久而久之，上司也許會被他們利用。不是有這樣一句話嗎，『要想拉下一個人得先去奉承他』，請您三思。」這位主任意識到問題的嚴重性，慢慢的改掉了打牌只為贏錢的毛病。後來，主任因工作出色升遷，黃志堅也因為敢在上司面前說真話而被提拔。

三是向上司提出合理的建議。對於上司的一些不合適的決策，甚至很明顯的錯誤決斷，應及時向上司提出合理的建議，不可一味的盲從。若上司的一些不合適的決策已公開，可以迴避眾人，私下找時機提出，在維護上司尊嚴的同時，盡量讓上司修正決策，進行妥善處理。即使上司一意孤行，你切不可率領下屬進行抵抗，應耐心的溝通和協調。

妥善拒絕上級來路不明的「好意」

拒絕是一種特殊的相處藝術。古人：「有所不為才能有所為。」如果一個下屬老是討好上司，處處顯示他的能幹，總有一天會露出馬腳，落個「虛浮」之名。的確，因為拒絕，基層管理者也許會掃了上司的興致甚至傷了他的威信，但基層管理者與其拿自己的短處去逢迎、遷就，不如勇敢的示弱，同時也不必隱瞞自己的「強項」，待日後有機會再表現。

某公司的員工李光增寫得一手好文章，一次上級派人考察，要找員工代表探查底細。上司知道李光增為人老實，就暗中指派他在來人面前說些好話。李光增考慮到自己對上司的工作了解不多，再加上本性秉直，就笑著說：「你知道我這人口拙，不對著稿子說不出個所以然來，恐怕說不出要點。您要是叫我寫個資料什麼的，我還可以勝任，如果下次有這種事，我一定鼎力相助。」

上司見李光增說得實在，雖然心理隱隱有些不快，但也不好責怪他。過了些日子，舉辦演講比賽，李光增不待上司開口，主動說要蒐集好人好事寫成演講稿，請一個妙語如珠的人去參加比賽，為公司爭光。上司想起李光增上次說過的話，覺得李光增這人很認真的，以前的怨氣自然就消除了，還多了幾份認同感。

戴維在《你的誤區》一書中說：「面對專橫的上司，抱怨和責怪是徒勞無益的。抱怨的唯一作用是為自己開脫，把自己的不快或消沉歸咎於其他人或事。然而這本身是一種愚蠢的行為。」是的，示弱比抱怨更能留有餘地。使雙方都有一個台階可下。而抱怨之後的牴觸也遠不如示弱之後的等待機會讓人接受和理解。人們常認為拒絕是一種迫不得已的防衛，殊不知它更是一種主動的選擇，是一種後來居上的處世策略。

有些上司公私不分，常常要你替他做私事，你可以送給上司一枚「軟釘子」。你要做的事就是巧妙的拒絕他，但不影響你的前程為前提。要在第一時間說：「不！」例如上司要你替他的女兒寫讀書報告，你一定一萬個不願意，就告訴他說：「對不起，我幫不上忙。」如果他在下班後讓你去做，事情就更好辦了，搬出這樣的理由：「因為我今天晚上有約會，不能遲到！」翌日，他再次請你做，你可以找相宜的理由，他就會知難而退，有何不可。若這樣的事情發生在工作期間，你的理由更多，說：「我手頭上有三個報告要寫，老闆說今天一定要。」由於上司本身就理虧，只會悶在心底，但只要你工作認真，從沒有犯錯，他便「敢怒不敢言」了。

有時下屬經過充分的調查研究後，不盲從，不投其所好，以實為本，勇敢站出來，即使當時會倍受冷落甚至遭打擊報復，但時過境遷，功過自有後人評說。而上司者本著「聞過則喜」的原則，理應有所警醒。說「不」者的拒絕，確實需要一定的勇氣和膽略的。相反，有些人唯上司是瞻，對上司的意圖不加分析，在實踐過程中也不歸納經驗，要麼裝出一副「老到」的樣子，滿口「經驗」之談；要麼乾脆緊抱上司意見不放。兩種結果，與其說是為了維護上司威信，不如說是自己毫無主見。

奧斯卡・王爾德說過：「當一個人自以為有豐富的經驗時，就往往什麼事也幹不了。」近代有個章太炎，面對讓人又恨又怕的袁世凱，胸佩大勳章，赤足站在新華門外大罵袁世凱，袁世凱不敢動他一根毫毛，只能欽贈美名「章瘋子」，聊以挽回一點面子。然而，「面子是別人給的，臉是自己丟的」，下屬給上司的面子，應該是實事求是，而不是化妝舞會上的那種假面具。

一般說來，在上司面前裝糊塗，是一種缺乏自信、無主見的表現。然而在某些特殊的交際場景中，基層管理者要適度的表現一點糊塗，藉機擺脫某些不懷好意的上司的糾纏或利用，不失為一種行之有效的拒絕方法。

某公司經理一貫覬覦下屬主管歐陽娜的美色，平時對她極盡「關照」討好之能事，總想占人家便宜。有一次他倆外出談生意，回來時天色已經很晚了，這位經理滿臉堆笑的說：「歐陽娜，天這麼晚了，回家吃飯也來不及了，我們不妨到××飯店，順便和你商量點事，你可不要讓我失望喲！」歐陽娜聽出經理話裡有話，內心不免警覺起來。她不好嚴詞拒絕，想了一會兒，裝出一副恍然大悟的樣子，說：「哦，對了，我有個表哥在那家飯店當保全，要不我先去打個電話和他聯繫一下。」這位經理深感意外，但他仍不甘心：「是嗎？怎麼這麼巧，那我們就不必麻煩他了，換家飯店怎麼樣？」歐陽娜說：「那我可不敢，別人說閒言閒語不說，要是有人欺負我怎麼辦？」經理訕訕笑道：「歐陽娜是說怕我欺負你啦？」歐陽娜正色道：「這話可是你說的，我希望你不是那種人。如果沒有什麼事，我先告辭了。」說完轉身而去。歐陽娜的一番話，亦婉亦直，假作真時真亦假，直弄得那位經理興致全無，但也不至於太丟臉，就只好作罷。

在企業裡，由於性別差異，某些上司總會對異性下屬「另眼相看」，作為下屬，切不可藉此賣乖討巧，甚至以身相許。俗話說：「身正不怕影子歪。」下屬對異性上司的不良企圖只要心裡的理智之弦繃緊了，別人就是想拉出「雜音」也拉不出來。

主動為上司著想

任何一個基層管理者要想在企業裡左右逢源，就必須與上司建立起良好的人際關係。而良好的上下級關係，絕對不會建立驗自大、自負，而是建立在做好自己工作的基礎上，懂得主動為上司著想，幫助上司處理某些工作。

鄧小麗是一個工作兩年女孩子，兩年的工作歷練讓她學會了很多書本以外的東西！比如在和下屬員工建立好關係的同時，也要學會主動如何關心上司，讓自己變成一名熱心、有修養、善解人意的基層管理者。其實做這些事，不需要刻意，那樣反倒假了。只要你平時心細一點，遇事主動一點，熱情一點，完全可以讓自己的形象「鮮活」起來，得到上司的青睞！

那幾天，鄧小麗發現她們的女經理臉色不好，大家在一起吃飯的時候，她只吃了一點點，小李說：「經理，你今天吃得太少了，減肥嗎？」經理笑笑說：「最近不知道怎麼了，食欲差多了，真不知道後天的大型活動，我是否能打起精神堅持到底呢！」

回辦公室，鄧小麗和經理說：「這是我能想到的後天大型活動的全部細節問題，也許有幫助呢！」經理感激的看著鄧小麗說：「謝謝你的細心，目前我對自己的樣子有些擔心，怕上電視不好看。」鄧小麗安慰她說：「只要你好好休息，一定不會差的。」

這次大型活動是公司今年主力推出的重要活動，參加人員不是政府要員，就是企業菁英，全是有頭有臉的人，為了有備無患，鄧小麗早早來到現場，一眼就看見經理在那張羅著。鄧小麗走上前去，發現她依然臉色蒼白，看來為了這次活動圓滿成功，她壓力真不小！鄧小麗和她一起整理主席台的標牌和音響，覺得萬無一失的時候，鄧小麗把經理叫到一個角落裡，趁人還不多，拿出自己的化妝品給她補了妝，擦上了口紅和粉底，把她的頭髮理了理，這樣一弄，她看上去果然精神了不少，她說：「你真是個心細能幹的好女孩，將來誰娶你做老婆真是燒了好香！」

後來電視台播放了公司活動的新聞，經理在主持活動的時候精神飽滿，大方可人，她對自己的形象很滿意，笑著和鄧小麗說：「那天多虧你了，謝謝啊。對了，你給我用什麼牌子的化妝品，感覺效果不錯，把我的缺點全遮蓋了，替我也買一套吧！」鄧小麗趕緊去幫經理買了一套化妝品，貨到後，送給她，她要給錢，鄧小麗拒絕說：「真的不貴，就算我送你的禮物！」

後來經理一直用這套化妝品，皮膚越來越細膩，她說：「難怪你的皮膚這麼好，看來化妝品選對了，效果是不一樣。」鄧小麗的熱心和關心，讓經理對她刮目相看，誇鄧小麗勤快，聰明，是難得的好員工！後來，年底發獎金的時候，鄧小麗發現自己的獎金比別人多！鄧小麗心裡明白，經理心裡有數呢！不但買化妝品錢回來了，還多賺了！

要做一個讓上司欣賞的基層管理者實屬不易，不僅要配合默契，還要取決於天時、地利、人和是否符合要求，這些都隨上司的心情變化而變化著。那麼，為什麼上司的心情會有好與不好之分呢？原因就是工作順利了，心情自然暢快，一旦達不到公司預期的目標，別說看上司的好心情了，甚至連一句話都不會跟你說。因為這時，他正在想如何使公司度過危險期，如何才能讓員工的薪資漲上去，如何讓公司發展的越來越壯大……

或許你的上司莫名其妙對你大罵一通；或許因今天的事情沒有做完，上司對你冷嘲熱諷；或許……請記住，千萬不可頂撞他，要以上司的身分論事，去體會他當時的心情，只有這樣，你才會少一份怨氣，多一份責任。

學會與各種上司相處

當你把一份工作計畫詳細的向上司匯報時，上司卻顯得厭煩冷漠，不屑於這些細枝末節；也有可能當你簡略、概要的匯報一件工作事務的時候，上司卻責怪你交代的不夠細緻，而要追問一些瑣碎的問題。

其實，上司也是普通人，也有情緒、脾氣、偏好等等與他人無異的性格特點，如何掌握上司的性格特點和處事風格，採用適當的應對手法與之相處，是能否和上司相處和諧的關鍵。身為基層管理者，面對不同類型的上司，你必須區別對待，靈活相處，才能立於不敗。

優柔寡斷型的上司不是很多，卻能讓你真正體會到「左右為難」的滋味，因為這種上司經常朝令夕改，讓身為下屬的你不知所措。遇到這樣的上司，在他向你徵求意見或一塊討論計畫時，不妨順著他的個性，多說幾種可能的方法，或多個方面的意見。比如，他問你某個工作草案是否合適時，個性使然，心裡總是不自覺的存在對草案的質疑。你就可以多找一些建議，供他參考，反正定奪全在他，你又不必為此費心。

這樣的上司也常常會有一些讓他頭疼半天，還猶豫不決的事情，這種情況下，你不妨適時的在基於自己準確判斷的條件下，替他做出決定，幫他解決眼前的焦慮和難題。不過，切記，這種問題必須是無關緊要，與工作無重大關聯，且你確認上司會為此感謝你的情況下，否則，這種自作主張對你前途的影響是致命的。當然，對於他朝令夕改的作風，明智的做法是最好什麼行動都遵照他的意旨，只是既然有了「隨時改變」的心理準備，凡事未到最後期限，就不必切實執行，例如做計畫書，只打好草稿，隨時再作加減，就是比較聰明的做法。因為你很難保證上司不會在計畫就快完成時，突然再生變故，對你的計畫全盤否定或是大加刪改。

暴躁型的上司天生脾氣暴躁，情緒容易失去控制。這種上司常常為了一些小事而大發脾氣，甚至公開斥責下屬。在這種上司面前，最好不要惹他動怒，說話盡量簡單、誠懇，不要囉嗦、推諉，特別是在他工作繁忙的時候，盡量不去打擾他。我們惹不起，總躲得起吧。當上司大發雷霆的時候，不要推卸責任或試圖解釋，冷靜的說：「我會注意這情況的」或「我立刻去調查！」然後離開辦公室。既然目標物已在眼前消失，他就沒有咆哮的對象了。

如果不能立刻走開，就任他數落、批評吧，只要言語不是太惡劣，相信作為一名基層管理者，會有這點忍耐力和樂觀心態。當他的火氣消去，冷靜下來以後，或許他會為沒能控制好自己的情緒而覺得對你有所歉意。

極權型的上司除了對下屬的工作吹毛求疵外，最叫人討厭的是他們會如暴君一樣，連你的私事也過問，例如不准你跟其他部門的管理者交往，不准你下班時間與同事一起消遣……這種上司往往是權力欲很重的人，有很強的控制心理，他希望下屬時時刻刻、方方面面都聽自己的，同時這種上司往往也是比較強硬的人。在這種類型上司面前，你一個人難免勢單力薄，精明的做法是與其他同事聯合起來，團結大家的力量，共同面對上司。

在工作方面，你需要小心細緻，盡量做得無懈可擊，不給上司挑剔的把柄。時間長了，他在你的身上找不到可以吹毛求疵的機會，自然感到無趣，便不會再找你的麻煩。在個人私事的處理上，遇到有其他部門的同事邀約午餐，答應他們，並與你的同事們一起赴約，大家於公於私，相互交流一下。要是上司知悉，向你查問，可以直認不諱：「我們一起吃午飯只屬普通社交。」其他方面，只要不是在工作時間之內，遇到這種上司對你私事的干涉，你完全可以委婉的表示自己的態度：「這是我的個人事務，不必勞煩您操心。我會獨立處理好的。」遇到上司是個工作狂，你一定會整日裡大皺眉頭，因為工作狂的心目中，認為不斷工作才是一種生活方式，每個人都應該如此。工作狂上司是個理想主義者，工作就是他的生命，所以，為他效力，沒有閒下來的時刻，亦不會受到欣賞。如果你希望情況有改變的做法，就先試著讓上司明白，不斷埋頭工作，花掉私人時間，並不是聰明和應該的做法。比如，他交給你一項任務，要求你一週做完，並暗示恐怕你要加班才能做得好。而你則可用自己的工作方式，既不加班，又提前漂亮的完成了。一次如此，兩次如此，時間一長，你就等於是在向他示威，告訴他有更有效率、輕鬆的做法。如果他夠謙虛、有見地，大概會坦然接受。當然，他也可能表現得極端反感，但至少在日後讓你加班時，不會那麼理直氣壯了。

如果你遇到了工作狂上司，而又不能勸服他，不得不在他的「以身作則」下勤奮工作，也可以就試著從心理上理解和接納他們的做法，不要一味排斥、抱怨，以避免雙方關係的惡性循環。其次，多配合他的工作，盡下屬之責，爭取成為他信任的好助手。如果他的工作方式你確實不能接受，也應該大膽表達出來，當然必須注意尋找合適的時機和方式。畢竟，從樂觀的角度看，你可能會因此有更好的業績。雖然是情非得已，也算不無收穫。

管家婆型的上司事無大小，他都要過問，還插手干預，令負責推行工作計畫的員工感到很苦惱。這種上司到了過度專制的地步，他表面上似乎相當開明，鼓勵「人盡其才，各就其位」的精神，實際上他是一切工作幕後的策劃者。對他來說，下屬只是他獲得某個結果的工具，他的意見就是命令。

如果你的上司是這類型人物，你必然時常感到精神緊張，很難從工作中獲得成就感。你想與這樣一位上司好好相處，首先你要仔細想想，對方什麼事情也要管一管，間接命令你要依從他的指示而行，在工作進行期間，你是否獲得寶貴的經驗，從中獲益良多？你不妨嘗試說服他就算你以自己的方法處事，結果也會像他所預期的那樣美好；如果他一意孤行，你只有兩個選擇：對上司唯命是從，或是向他遞上辭職信，另謀發展。不過，在你採取最後的行動之前，應努力爭取自己的權益，鼓起勇氣對上司說出自己心中的話，嘗試以朋友相待，看看他究竟有什麼憂慮，以致總是對下屬缺乏信心。

每個人都有自己的性格，跟你每天相處的上司，他的性格也是跟你的工作能力及經驗密切相關的。要想成為一名優秀的基層管理者，你必須做到知己知彼，因人而異，才能與他相處融洽。

第四章 記住善待自己的下屬

管理失敗的原因或許各有不同，成功的管理卻是相同的。因為那些取得成功的基層管理者，會把每個下屬都當成真正的「人」來看待，而不是把他們看成是廉價的「勞動機器」。換一種說法，這些成功的基層管理者很有人情味，很善於關心下屬、理解下屬。

不說讓員工傷心的話

在工作上，員工在與上司相處中，總是十分小心謹慎，生怕禍從口出。同樣，作為基層管理者，一番得體的話或寒心的話，直接關係到他能否贏得員工的尊重和信任。但是，有的管理者講話不注意，常常口不擇言、惡語傷人，最終導致員工滋生抱怨情緒或者反目成仇。

在一家大公司，有個基層管理者整天板著臉，看誰都不順眼，見誰訓誰。有一次，他安排下去的工作，期限到了，卻仍未見下屬來回報。這個管理者便怒氣沖沖的召集員工開會，他劈頭蓋臉的訓斥道：「你們是怎麼工作的，難道拿我說的話當空氣？我警告你們，要是哪個敢不聽我的話，我就先炒他魷魚，再斷了他的財路，看誰還敢不服。」十幾個員工面面相覷，其中有幾個下屬已經做好了工作，正準備向他匯報，但沒想到他說出這一番絕情的話，便一個個敢怒不敢言了。

有些基層管理者對員工只要求結果，而不願意在過程中對員工予以指導和預防、控制。所以，他們看到員工做出的結果和自己的預想相差甚遠但又回天乏術時，就只能大發雷霆，把所有的怨氣發在自己的員工頭上。「你是做什麼的？」言外之意就等於說「你就是一個尸位素餐甚麼事都做不成的窩囊廢」。現在的員工都是要面子的，最怕被別人罵作窩囊廢。所以，當員工聽到管理者對自己作出如此評價時，自尊心會受到極大傷害。

很多基層管理者對員工想法缺乏真正關心和尊重，員工更沒有為自己爭取權益的機會。

「他們才不會關心你願不願意，只要有利於公司利益就行！」在某企業做鉗工的徐先生說，前一段公司效益不好，主管在沒有徵求員工意見的情況下，就將每人減薪。「表面上口口聲聲說為了公司共渡難關，但是公司效益好的時候，也沒見加薪加得這麼積極！」徐先生還反映，因為有點酒量，主管經常下班後讓他去陪客戶喝酒吃飯，像分配工作一樣的下達命令，根本不考慮他是否願意，還動不動「你願意做就做，不想做就走人。你不做有的是人做。」

基層管理者為了鎮住員工，毫不顧忌員工的情緒，完全按照自己的想法去訓斥員工，說出一番絕情的話，寒了眾人的心，是大大的失策。作為基層管理者，在遇到問題時，可以正話反說、嚴肅的話幽默著說、批評的話對事不對人換個角度說等，盡量讓自己的談話走進員工的心裡，以取得「將心比心」的效果。

有一次，公司的電工在處理電器線路時，遇到了技術上的問題，結果比原計畫遲了十分鐘才修好，惹得電工班長很不高興，對著辛辛苦苦、加班連續工作了近十三個小時的電工大聲吼道：「你們都是一群豬，只知道拿錢不會做事的豬！為了懲罰你們的失誤，我要讓你們這個月沒錢拿。」

基層管理者如此講話，真是讓人心寒。如果你依舊以「霸王式」的口氣與員工談話，勢必會招致一部分人反感，就算不「眾叛親離」，基層管理者經常說出令員工心寒的話，也會導致員工與你不同心。

對於這種基層管理者來說，員工只是他們奴役的工具，是可以隨意拿捏的對象。高興了可以逗你兩句，不高興了也可以踢你兩腳。他們只在意自己的喜怒，而不在乎員工的感受。這樣一句「做得了做，做不了走人」，完全是一種盛氣凌人、置人於死地的威脅。試想，哪個員工聽了會不心寒？

有家雜誌社編輯部的主任，在與員工談工作時，不管是對待年輕人，還是對待年長者，常常顯露出「家長式」、「帝王式」的話語風格。有一次，這個編輯部主任打電話：「關錦鵬，你來一趟！」說完，啪一聲掛斷了電話。關錦鵬見此情景，不由得心驚膽戰，以為災難降臨，但還是硬著頭皮走進主編室。「這個月你們下半月刊的發行量怎麼這麼差？你看看上半月刊，經我調整刊物方向後，發行量穩定中提升。我付你這麼高的薪水，是讓你在這裡吃閒飯、亂搞嗎？你所做的一切，對得起這份薪水嗎？能做就好好給我做，不能做乾脆走人。你自己看看，你們編的都是一些什麼破稿子！」還沒等關錦鵬開口，坐在椅子上的主任就連珠炮般的狂轟濫炸，接著便將一疊厚厚的稿子摔到了關錦鵬面前。

「主任，我……我有一些想法……」關錦鵬本想趁這個機會與主任正面溝通，談一談下半月刊如何針對目標讀者準確定位的問題。「你別說了，回去好好反省吧。我再給你一次機會，要是下個月你們的刊物還不能提高發行量，那我可就不客氣了，你就等著扣年終獎金吧！好了，你出去吧。」主任不耐煩的擺擺手，示意欲言又止的關錦鵬出去。

滿腹委屈的關錦鵬無奈的走出主任室，想到主任那咄咄逼人的架勢，心裡就直冒火。自己從創刊到現在一直心繫雜誌，深入讀者進行試閱、調查，徵求意見，為的就是使刊物能夠更加貼近目標讀者，提高雜誌發行量。幾年來，這本下半月刊從無到有，從小到大，關錦鵬為此作出了很大的貢獻。然而主任卻固執己見，不重實際結果，使得月末版在同類期刊中變得毫無特點，發行量下降也就在情理之中了。可是主任並不檢討個人原因，而是把責任都推卸到了關錦鵬的身上。

上例中的主任始終沒有把握好批評的分寸，而是站在一個家長的角度，比手畫腳、態度蠻橫，不容員工解釋就純粹以業績量堵住員工的口，說出的話自然讓員工心寒。這種強硬的、不容辯駁的工作作風完全屬於「家長式」、「帝王式」的管理風格。

有一家很著名的公司首創的一整套提高員工滿意度、增強員工團隊意識和激勵員工工作積極性、創造性的管理理念和方法，核心內容包括尊重員工、鼓勵創新、打造員工的成長管道。這家家企業的管理者解釋：「員工的心就是企業的元氣，誰傷了員工的心，就是傷了企業的元氣。『元動力工程』就是要理順員工的氣，凝聚員工的心，把員工的所思所想化為企業的發展動力和市場競爭力。」因此，作為基層管理者，就要加強自身領導素養，不要以上級自居，也不要標榜自己獨裁者的形象，而要走進員工內心，了解員工的想法，說出一番極有分寸，又不失管理者威信的話。

關心員工

作為基層管理者，當然應該具備較強的工作能力和良好的人品，但是領導和管理團隊對於一個管理者來講更為重要。他必須能夠使員工團結在他的周圍，從而讓整個團隊充滿凝聚力和進取心，朝著既定的目標前進。管理者必須盡量讓自己和下屬的關係更和諧、更融洽，那麼就必須善待員工。

某一家公司，行政部和財務部兩個部門的主管都是大學畢業，年齡、經歷相仿，都非常有才華。行政主管為人和善、善於走大眾路線。在日常工作中，對員工分寸得當，恩威並施。在業務上嚴格要求，從不放鬆，但偶爾出了什麼差錯，他卻總能為員工著想，主動關心員工，甚至是在生活的穿戴上都不忘關心一下。每當出差，他總是不忘帶點小禮物，給每一個員工一份愛心。因此，他很得人心。

財務主管雖然工作成績也是不凡，但在對員工的管理中，卻嚴厲有餘，溫情不足，有時甚至很不通情達理，缺少人情味。有一次，一位員工的父親病急，當他把家人送到醫院，急急忙忙趕到公司，耽誤了幾分鐘。雖然這位員工平時工作勤懇、兢兢業業，從不誤事，但這位主管還是嚴厲的責難他，並處以相當數量的罰款。這弄得大失人心，怨聲載道。

長此以往，出現了不同的結局。在其後的一次公司內部的人事調整中，由於行政主管不但工作業績頗佳，而且口碑甚好，更符合一個高層管理者的要求，被提拔為副總。而那位財務主管雖然工作做得也不錯，但他有失人情味的管理方式，在上司看來不利於團結人心，不利於留住人才，只好繼續待在原來的位置上。

某些上司欺壓員工，在工作中發脾氣，對著員工大吼大叫，咒罵員工，對著他們丟東西，壓抑他們的表現，羞辱員工。他們把員工當做出氣筒，憤怒、恐懼及威脅的情緒會因此打擊了辦公室的士氣，最年輕的員工遭受的傷害最大。不能夠或不願意控制自己脾氣的主管，便等於是在虐待員工。這樣下去，員工會憎恨你，並且憎恨他們自己的工作。他們花太多時間和精力在擺脫監督、尋找出路、自我療傷，而受傷的感覺、惡意的中傷及高流動率，便是典型的後遺症。在他們離開受虐的工作環境之前，受虐待的員工會開始吟唱輕蔑之歌，在士氣低落的工作中不斷的冷嘲熱諷。

謝金龍是一家公司的銷售人員。在公司遭遇退貨、瀕臨倒閉，公司主管們急得團團轉而又束手無策時，謝金龍站了出來，提出一份調查報告，找出了問題的癥結。此舉解決了公司的難題，還使公司賺了幾百萬。因工作出色，深受經理的重視，謝金龍成為全公司的明星。憑著自己的智慧和膽略，他又為公司的產品打開國內市場立下了汗馬功勞。他兩年內為公司賺得幾千萬利潤，成為公司舉足輕重的風雲人物。

躊躇滿志的謝金龍，以為銷售主管一職非自己莫屬。然而，他卻沒有被升遷。本來公司高層要提拔他為負責銷售的主任，但在提名時遭到人事部門的強烈反對，理由是各部門對他的負面意見太多，比如不懂人情世故、不善於和同事交往、驕傲自大……讓這樣一個不懂人際關係的人進入公司的管理階層是不適宜的。

銷售部主管一職由他人擔任了，謝金龍只好拱手交出自己創建並培養成熟的市場。這就好比自己親手種下的果樹，結的果子被別人摘走一樣，謝金龍非常痛苦和不解。他不明白公司為什麼會這樣對待自己。自己到底錯在哪裡？後來，還是一個同情他的朋友破解了他的迷惑：他的問題是忽視了身邊的同事。

有一次，他出去為公司辦理業務，需要一批匯款，在緊要關頭卻遲遲不見公司的匯票，使得業務活動泡湯，令他很難堪。實際上是一個出納員擺了他一道。因為，平時他對這個出納不冷不熱，根本沒有把她放在眼裡。

還有一次他在外辦事，需要公司派人來協助，殊不知，人還在路上就被撤回去了，原來是一些資深員工覺得他很狂妄、目中無人，在工作上從不與他們溝通……所以想盡辦法扯他的後腿，讓他的工作無法展開。儘管謝金龍工作業績輝煌，但他忽視了人際關係的重要性。那些他不熟悉的、不放在眼裡的同事，在關鍵時刻壞了他的大事，阻礙了他在公司的發展和成功。在無可奈何的情況下，謝金龍只好傷心的離開了公司。

一個企業的發展和崛起，靠的是管理者的經營才智和員工的齊心協力。如果說管理者是衝鋒的元帥，那麼員工就是強大的後盾。只有上下同心，才能創建成功的企業。我們都知道應當善待員工，因為組織的任務最終靠他們來完成，而且，他是與你朝夕相伴的戰友。你應當真正的為他們著想，絕不是偶爾的一些問候並讓他們知道你很關心他們。

在順風公司，無論是員工本人還是員工的家人生病了，基層管理者尹同中說得最多的一句話是：「你真的找到最好的醫生了？如果有什麼問題，我可以向你推薦這裡看這種病的醫生。」在這種情況下，醫藥費是由他負擔的。

在競爭激烈人員過剩的年代，員工們最怕失業，為了保住飯碗，他們最怕生病，尤其怕被上司知道。姜如祥是順風公司的一位採購員。他現在兩個擔心都發生了。他的牙病非常嚴重，不得已，只有放下緊要的工作，因為他實在無力去工作了。他的病被尹同中知道了。尹同中看到他痛苦不堪的樣子，非常心疼，說道：「你馬上去看病，不要想工作的事，你的事我來處理好了。」姜如祥做了手術，手術很成功，他知道憑自己的收入是難以承受手術費的，而他卻從未見到帳單。他知道是尹同中替他出的手術費用。他多次向尹同中詢問，得到的回答是：「我會讓你知道的。」

姜如祥勤奮工作，幾年後，他的生活大有改善。一次，他找到尹同中。「我一定要償還您代我支付的那筆錢。」「你呀，不必這麼關心這件事。忘了吧！朋友，好好做。」姜如祥說：「我會做得很出色的，但我還是要還您的錢……是為了使您能幫助其他員工治好牙齒……當然還有別的什麼病。」尹同中說：「謝謝，我先代他們向你表示感謝！」姜如祥的手術費對尹同中來說是一個小數目，可是這代表的價值是對員工的關懷和尊重。

作為一個基層管理者能這麼真摯的表達他對員工的關懷和愛護，其情意會令任何一位員工感激不盡，同時，員工為報答總裁對自己的深情厚誼，會加倍的工作來表明他們對組織的忠心。這樣的故事在順風公司實在是很常見的事了。常言說：「有付出就有回報。」尹同中對員工的付出感動了很多人，許多員工在順風一做就是好多年。由於全體員工盡心竭力的工作，順風公司在短短的幾年中就在市場占據了龍頭老大的位置。

了解自己的員工

每個人對自己都是如此簡單，而對他人卻是如此複雜。作為一名基層管理者，要充分的認識你的員工不是一件很容易的事。但是，如果你能充分理解自己的員工，工作開展起來會順利得多。一個能夠充分了解自己員工的管理者，無論在工作效率，還是人際關係上他都將會是個一流的管理者。

一位工作很認真賣力的主管，儘管每月的業績相當好，對自己下屬也很不錯，但就是不得人心。表面上大家對他都很客氣，但是客氣的裡面總有一種難以說明的疏遠感，大家不願意和他太接近。

這位主管是一位有很大抱負的人，他急於尋找一些可以做自己左右手的人才，這些人才不但要有一定的能力，還要有相同的志趣，至少要能合得來。這樣的人才是他日後發展的支柱，遺憾的是，這樣的人總是找不到。

一天，這位主管上洗手間，他有一個習慣，那就是在方便的時候思考問題。一般來說，這種情況在家裡發生得比較多，手裡拿一本書，邊看書邊思考問題，常常是看書的時候就會有一些好點子想出來。這一天他正在小隔間裡面看書，忽然聽到外面有幾個下屬在談話：「主任是怎麼搞的呀，假日又要加班！我家裡還有很多事情呢！」一個人說。「你還不知道主任這個人啊，他是想給你增加一點加班費，節假日的鐘點費是平時的兩倍，你不是抱怨家裡開銷太大嗎？」第二個人回答著。

主管聽到這裡想到，畢竟還有人了解自己，自己在安排加班的時候總是會考慮到哪個人需要這項工作，並不是隨心所欲的指派，看來自己還是有幾個知己的。想到這裡，他甚感欣慰，正想分辨說話的人到底是誰，只聽第二個人又說道：「可惜主任總是用他自己的心思來猜測別人，你不知道，這位經理小時候家裡經濟困難，受了很多苦，生活上沒有什麼情趣，也不會享受，他把工作當成了一種享受，和他一起工作，我們這些員工可就受苦了。」

「你不是滿受他重視的嗎？怎麼也這樣說他？」「這是兩回事。工作上他確實有一手，可和人應對上，卻不夠變通，我跟他三年了，要說他對我確實很好，可是他不了解我們，我和同學聚會唱歌，他說我不務正業！上次的事情，要不是我的同學幫忙，絕對不會這麼快！」「你怎麼不和他說呢？」「他根本就聽不進去！而且我能這麼直接的跟他說嗎？他能力是很強，不過都是笨方法！現在誰能和他一樣拚命？」

這段在洗手生間無意中聽來的話，倒是讓這位主管學會了很多東西。人和人的想法是很不一樣的。誰也不能要求別人和自己一樣的思考問題。同一個公司同一個部門的同事之間都有很多分歧，更何況上下級之間。

某高級飯店一位年輕的廚師因從廚房拿菜回家被人舉發，飯店後勤部門將這位平時非常勤奮的廚師減薪，並給予警告處分。這位廚師什麼都沒說，還像往常一樣勤奮的工作著。回家辦事的主廚回來後，聽說了這件事立刻找了後勤部經理。主廚對後勤部經理說：「這位廚師拿菜回家和我打過招呼，他母親患癌症多年，現在已到了晚期，他是獨子，每天下班後都要去買菜，回家後照料母親。前一段時間我們飯店顧客多，廚房的工作量非常大，廚師經常工作到很晚才回家。所以，他沒有時間買菜，他跟我說從廚房拿點菜回家，待到發薪水時再把菜錢給補上，這是他自己紀錄的拿菜清單。」

後勤部經理接過清單，只見上面記錄得清清楚楚，什麼時候拿的菜，菜的種類是什麼，價值多少錢歷歷在目。後勤部經理看著這份清單感慨萬分的說：「我對本部門的員工了解的太少了，這是我的失職啊。」當晚，後勤部經理和主廚一起來到了這位年輕廚師的家，探望了他的母親，並恢復他的薪水，也取消了給他的處分。

身為部門主管，你到底對自己的員工認識有多深？即使是在同一工作單位相處五六年之久，有時也會突然發現竟然不曉得對方的真面目。尤其是自己的員工對他的工作有怎樣的想法，或者他究竟想做些什麼，這些恐怕你都不甚清楚吧！結婚很久的夫妻，有時也難免彼此不太了解，實在不是很意外的事。

作為一名基層管理者，應時時刻刻不忘提醒自己對員工實際是毫無所知，懷有這種謙虛的態度，才能不忘處處觀察自己員工的言行舉止，這才是了解員工之最佳捷徑。

有人說：「失敗的原因或許各有不同，成功的關鍵卻是相同的。」放眼那些取得了豐功偉業的部門主管，儘管其部門規模有大有小，無一不是將善待員工的思想貫徹於部門管理活動。

一九九五年五月，常中州被任命為天方儀器公司基層管理者，短短三年時間，他便使部門的營業收入增加了四到五倍。談起自己的管理經驗，常中州總結的其中一條就是「培育每一個員工成為管理者」。他說：「作為一個優秀的基層管理者，首先，要有「清楚的戰略」，讓每個員工都知道你要去哪裡，知道你的目標是什麼，當然你要與別人進行良好的溝通；其次，要讓別人追隨你，相信你的策略，做一個有自信的主管；第三，要建立你的執行能力。你面臨的挑戰就是繼續發展自己組織的管理階層，要注意給他們一些不同的經驗，驅動員工做一些事情。一個管理者最重要的任務之一就是要讓每一個人都成為管理者。」

他同時認為，一家公司保持讓自己不流於官僚主義，是一件很重要的事情，「你要讓人們去訂自己的一個規則，你可以指點一下方向，然後讓員工去做自己想做的事情，不要規範他們，但要衡量他們的長期結果，他們必須取得結果，這是避免官僚的一個很有效的辦法。對待你的員工一定要很誠實，要有一致性，不能朝令夕改，一定把你的心拿出來給他們看看，要心心相印。只有在這種情況下，他們才會跟著你走。所以，作為管理者，你不能命令他們，要讓他們感到願意為你做事情。

他還指出：「你必須讓員工在公司裡工作時感到非常愉快，否則他們不可能讓客戶感到愉快。因此你必須照顧員工，告訴他們你將帶領公司朝什麼方向去走。一個人不能做一切事情，要營造一種氛圍，讓員工自由發揮，這樣他們會為公司做出一些貢獻。」

人們有時對自己都無法了解，因此，對他人也常是雖然相處數年而依然陌生，也就是未能理解對方。假如能多多少少曉得對方一點的話，那就好辦了。一個主管，常為了不能了解員工而傷透腦筋，有句古話：「士為知己者死。」不過要做到這種知的程度，可不是那麼容易的。如果你能夠做到這一點，那麼，無論是在工作或人際關係上，你都可以列入第一流的部門主管之中。

用賞識的眼光對待員工

有的部門主管對員工極為苛刻，今天看著這個不順眼，明天又認為那個應該「滾蛋」，似乎天下就他一個人是有用之才。任何人才到他這裡，都難有所作為。部門主管若對員工予以關心，員工就會以忠誠回報部門主管；部門主管若想員工所想，員工必為部門主管排憂；部門主管若不把員工當人看，員工豈能把部門主管當作人？部門管理是把部門主管和員工結為一個利益共同體。可以說，一損俱損，一榮俱榮。有的管理者卻不明白這個似乎很淺顯的道理，他們很刻薄的對待員工，自以為掌握著員工的命運，結果對員工傷害很大，給自己造成的損失更大。

在家庭中，乖巧的孩子總是比調皮搗蛋的孩子更容易討父母的歡心；在一個班內，成績好的同學也總是比成績差的同學更易受老師的青睞。而事實上調皮搗蛋的孩子並不見得在孝順父母方面比善於給父母分憂的孩子做得差，也許是他們年齡尚小，心智未開；成績差的同學其智商也並不一定比成績好的同學低，或許他們更熱衷於書本外的知識，愛迪生不就是個例子嗎？同理，業績出色的員工往往容易受到主管的偏袒，而對於那些有失敗、過失紀錄的員工來說，他們在主管心中多少會留下一些不良的印象。但事實上，也許這些有過失的員工比那些暫時出色的員工更具有發展潛力。主管的不良心態，對組織人際關係是非常有害的。它會導致員工不滿情緒的產生，甚至是員工內部的對立，從而打破了部門內原有的和諧的人際關係。

能取得不俗業績的員工，是一件可喜之事，值得你為之驕傲。但你不能由此滋生出一種個人偏好和憎惡的情緒。你對某個人的偏袒，雖然在很大程度上給了他信心及繼續挑戰工作的勇氣，甚至是更多的工作機會，但是部門是屬於每一個成員的，你對某個員工的偏愛，勢必會讓其他員工心存不滿，打擊他們的積極性。由於待遇的不平等，組織關係就會變得緊張，他們就會對工作產生牴觸，會對你的判斷力大打折扣。如此下來，部門的工作還怎麼能順利有效的開展呢？你對業績不太出眾或是犯過錯誤的員工的成見與你對業績好的員工的偏袒一樣，對組織的人際關係的和諧與發展都是有害的。

錯誤固然不可挽回，但你卻不能以成敗論英雄，對這位員工下了他只會犯錯誤或他根本無法辦好事情的定論。一兩次的失敗確實並不能說明什麼問題，當犯了錯誤的員工在為自己的行為懊惱之時，你對他的斥責只能是使他的信心再受一次打擊，也許他本來是個很有才華的人，卻被你無意中的評價給扼殺了。

消除你心中的成見吧，別再對你下屬的那幾次失敗耿耿於懷，再給他們一次機會。坐下來，與他們誠懇的談談，說明他們分析犯錯誤的原因，找到癥結，恢復他們的自信心，在你的言談舉止中充分表現出你對他們的信賴。只要他們走出消極的盲點，一樣能為部門創造佳績，更何況失敗的經歷常常孕育著成功的希望。

如果一位主管習慣於罵人和警告人，而另一位主管則習慣讚美人，那麼，哪位主管的下屬更有信心、更容易發揮潛能呢？顯然，每天得到的是警告及責罵的下屬，他必定對自己的能力產生懷疑，從而養成一種做事瞻前顧後、畏手畏腳的毛病，有了這些毛病，勢必又要受到主管的責罵，如此惡性循環下去，人才也會變成蠢才的。

同專業的趙貴和張華亭畢業後分到甲、乙兩公司，兩人的專業程度及各方面的才能不相上下，而小李的主管劉先生脾氣不太好，員工稍有差錯，輕則批評：「你怎麼這麼笨，連這種事都做不好。」重則以開除相威脅，常說：「下次再犯這樣的錯誤，我就開除了你。」而對員工的優點卻視而不見。

有一次，客戶送來一塊布料樣品，要求染出同一顏色的包裝線材來。趙貴拿到樣布，很快看出這種顏色需要五種色拼出來，於是他立即開出配方，打出小樣，小樣的顏色看上去完全一樣。於是生產線上開始依照這個配方進行生產。但趙貴忘記了告訴同事染色時，壓力一定控制在兩個大氣壓上。結果同事為了省時，壓力升到一點五個大氣壓就關機了，致使染出的線略較淺。不過，客戶對此倒沒有過分的挑剔，因為他們對趙貴配樣的技術熟練程度非常滿意。但劉經理為此卻大動肝火，他當著許多人的面大聲喝斥趙貴：「你為什麼就不能多在小事上注意一些呢？幸虧客戶沒有退貨，否則我就要開除你。」趙貴自己也懊惱不已。從此以後，他經常為自己常犯這樣那樣的小毛病而自責，甚至有些自暴自棄。

儘管張華亭也常犯些錯誤，但其老闆卻從未嚴厲的批評過他，而是經常讚美他能幹、願意吃苦。張華亭為報主管的知遇之恩，更加賣力的推銷產品，他一天就可以跑上五六家公司。最後，庫內積壓了一年的產品被他很快推銷出去。

一個人身上儘管毛病很多，他在某方面總有令人滿意的地方，在這方面多給予讚美，會促使他揚其所長，把工作做得越來越出色。

不對員工頤指氣使

對員工頤指氣使，不尊重員工的基層管理者永遠無法獲得員工的信任，這樣的管理者也是不稱職的。經營管理好、競爭力強、信譽好的企業，它們有一個共同點，即企業上下團結一致，人際關係和諧融洽，員工情緒穩定正常，企業具備一種努力奮鬥、勇往直前的精神，這就是企業的凝聚力，確切的說是企業對其員工的吸引力，以及企業內員工的相互吸引。而有些企業的管理者，管理方法簡單，常質問員工：「我能做到的，你為什麼不能？」企業管理者對員工的「意見」、「不滿」採取管、卡、壓，致使管理者與員工之間關係緊張，員工們牢騷滿腹，敢怒不敢言，於是就前面一套，背後一套，這樣會嚴重影響企業的發展與穩定。

但有這樣一些管理者，認為自己的能力很強，常常用一種優於一般員工的態度和員工說話，在管理的過程中，滔滔不絕的發表自己的意見，不斷的反駁員工的意見，以顯示自己的能力。殊不知，這種高高在上的姿態會引起員工的強烈反感，失去員工的信任，甚至會損害到企業的利益。

尊重員工是基層管理者的基本素養。早在一九三〇年代，芝加哥西部的一家電器公司就得出結論：員工不是單單靠薪資來推動其積極性的經濟個體，而且是有獲得別人尊重、友誼需求的社會人。這就表明要管理好企業員工，首先必須充分尊重他們。

有一位負責管理印尼海洋的石油鑽井台的主管，一天他看到一個印尼雇員工作表現比較糟糕，就怒氣沖沖的對計時員說：「告訴那位混帳東西，讓他搭下一班船滾開！」這句粗話使這位印尼雇員的自尊心受到極大的打擊，他被激怒了，二話不說，拿起一把斧子，就朝經理殺來。經理見狀大驚，連滾帶爬的從井架上逃到工寮裡。那位雇員緊追不捨，追到工寮，惡狠狠的砍倒了大門。這時，幸虧井台的人及時趕到，力加勸阻，才避免了一場血光之災。

這位主管為自己極不尊重員工的態度付出了代價。現如今，也有一些基層管理者在管理的過程中，總以為自己是主管，根本不尊重員工的工作。有的管理者習慣了對下屬員工頤指氣使、指手畫腳、呼來喝去；有的管理者喜歡讓員工唯命是從，員工稍有不同意見便橫眉豎目、態度粗暴，甚至常常以「你不願意做，有的是願意做的人」之類的話威脅。試想，這樣的管理者怎麼能得到員工的認同和信任呢？

一位企業家曾經講過一句話：「管理控制確實需要規定，但第一條規定應是尊重員工，如果把第一條規定做好了，一切就好辦了。」換句話說，管理者要管好員工，就必須尊重員工，懂得尊重員工是管理者的一種重要素養。管理者不能只靠行政命令強制執行，要努力了解被管理者的心理需求並學會尊重他人感情，選擇員工普遍接受和認可的方式贏得大家的心。企業只有真正做到尊重自己的員工，員工才會在自己的工作職位上發揮出最大的潛能。那麼，如何尊重員工呢？這裡有以下幾點建議：

不要以為自己有權，就可以在別人面前指手畫腳，發號施令，就可以對別人頤指氣使，就可以靠在軟綿綿的椅子裡，指揮別人去做這個，去做那個。沒有人會喜歡你這種命令的口氣和高高在上的架勢。你以為自己是管理者，有權利這麼做。可是要知道，即使你是總經理，他是小職員，可是在人格上你們是平等的。所不同的，只是你們的分工不同，職務不同，而不是在你和他個人之間存在高低貴賤的區別。就算是「管理者」比「員工」具有更多的權力或是其他什麼，那也是由「管理者」這個職務帶來的，而不是你自身與生俱來的。是你的這種居高臨下、趾高氣揚、自傲自大的態度激怒了別人，而不是工作本身使人不快。所以，你想讓別人用什麼樣的態度去完成工作，就用什麼樣的口氣和方式去下達任務。

不要對員工頤指氣使。有不少管理者吩咐下屬時喜好發號施令，給人一種高高在上、不容親近之感。員工心裡一定不舒服，認為自己沒有受到尊重，從而對管理者甚至企業有了牴觸情緒。試想，這樣員工怎麼可能會把百分之百的精力投入工作中呢？

禮貌用語多多益善。當你將一項工作計畫交給員工時，請不要用發號施令的口氣，真誠懇切的口吻才是你的上上之選。對於出色的工作，一句「謝謝」不會花你什麼錢，卻能得到豐厚的回報。在實現甚至超過你對他們的期望時，員工們會得到最大的滿足。當他們真的做到這一點時，用上一句簡單的「謝謝，我真的非常感謝」就足夠了。

如果你能把你員工的個人目標和公司的目標連結起來，讓他們個人的目標和公司的需求一致，有效率的推展工作，那你就會把你的團隊管理得非常優秀，同時還能大大的提高你的聲譽。我們早已邁入合作就是力量，講求團隊默契的新紀元了。管理者不再是明星，雖然位高權重，擁有管理統御的大權，但是如果缺少了一批心手相連，智勇雙全的跟隨者，還是很難成就大事的。任何組織，不管他們是一支球隊、樂團、委員會或是公司內的任何部門，都需要個人和團隊的密切配合，團隊和個人的高度和諧。由於成長的環境以及所處的地位等諸多不同因素，每個管理者都有各自一套管理體系與方法，但在人員的管理和激勵員工上，是有一定的規律可循的。

要感謝員工的建議。當你傾聽員工的建議時，要專心致志，認真的了解他們在說什麼。讓他們覺得自己受到尊重與重視；千萬不要立即拒絕員工的建議，即使你覺得這個建議一文不值；拒絕員工建議時，一定要將理由說清楚，措辭要委婉，並且要感謝他提出意見。

對待員工要一視同仁。在管理中不要被個人感情和其他關係所左右，不要在一個員工面前，把他與另一員工相比較，也不要在分配任務和利益時有遠近親疏之分。

認真聆聽員工的心聲。在日常工作中，注意聆聽員工的心聲是尊重員工、團結員工、激勵員工的最有效的方法，也是成功管理者的一個十分明智的做法。只有廣泛的聆聽員工的意見、看法，並認真加以分析，才能避免工作中由於疏漏造成的失誤。對於犯錯的員工，不要一味的去責怪他們，而是給他們解釋的機會，他們就會認為你很尊重他，這樣處理問題時就方便得多，員工也會口服心服的接受。

尊重員工是管理者最基本的素養之一。管理者要如何尊重員工？不對員工頤指氣使；多用禮貌語言；感謝員工的建議；對待員工一視同仁；認真聆聽員工的心聲。

把員工當成自己的客戶

作為基層管理者，因為所站的角度不同，而且事務繁忙、思維非常快，往往忽略處於執行位置的員工他們的處境，因而常有抱怨，認為對員工說話好像是對「牛」說話。而員工卻常常覺得上司與自己溝通，不了解、不相信自己而往往親力親為，對其所說的話不能理解。

有一隻離開了主人的駱駝，漫無目的的漫步在偏僻的小道上，長長的韁繩隨意的拖在身後。有一隻小老鼠正好路過這裡，於是咬住了韁繩的一頭，牽著駱駝繼續往前走。老鼠得意極了，心裡非常開心的想著：「瞧我多有本事啊，力氣可真大，能拉走一頭比我大幾百倍的大駱駝。」不一會，牠們走到了河邊。望著「湍急的河流」老鼠只得停了下來。

一直沉默的駱駝開口了：「喂，繼續趕路啊！」老鼠無奈的說：「不行啊，水太深了，我根本過不去。」駱駝說：「那好吧，讓我先來試試深淺。」駱駝走到了河中央回頭對老鼠說：「你看，水只到我的膝蓋，沒有多深，你放心的過來吧。」「是的。不過你的膝蓋和我的膝蓋之間差好大的一段距離，只能勞駕你幫我過河了。」老鼠回答。「你總算認識到自己也有不足了，從一開始你就夜郎自大，自命不凡。如果你今後能夠謙虛一點，我就幫你過河。」駱駝說道。老鼠不好意思的笑了。就這樣，它們一起平安到達了對岸。

其實，作為一名基層管理者，即使你有過人之處，也僅僅只展現在某個時間和某個地點，不可能永遠都領先別人，因此無論何時，你都要保持清醒的頭腦，保持理智，看清自己。管理的意義就在於管理者與下屬員工一起完成工作，共同創造高績效。在完成工作的過程中，規劃未來安排工作要用心，指導員工正確工作要用心，創造高績效的團隊文化要用心，開拓創新要用心。唯有不斷用心，管理目標才能被完成並做得更好，唯有不斷用心，管理者和員工才能在工作中不斷獲得提高和超越。總之，所有的一切都離不開用心。

作為一名主管要與員工建立平等、尊重、設身處地、欣賞、坦誠的溝通心態，專注、耐心、深入理解式的傾聽員工所表達的全部資訊，做到多聽少說，作為一名主管應像尊重自己一樣尊重員工，始終保持一顆平等的心態，更多強調員工的重要性，強調員工的主體意識和作用。把員工當成自己的內部客戶，只有讓內部客戶滿意才可以更好的服務外部客戶。主管是為員工提供服務的供應商，要做的就是充分利用企業現有資源為員工提供工作上的方便以及個人的增值。

在心靈經營方面，日本的伊藤四日堂就是一個出色的實例。這家公司以經營超級市場為主，公司店員精通商品知識，而且服務周到，深得顧客滿意。伊藤社長談他如何管理店員的經驗時說：「本公司百分之八十的職員是未婚女性，我認為公司受她們家長的重託，承擔了培養和教育的責任，所以，從公司的立場來說，絕不能讓她們成為連招呼也不打的千金小姐回到父母身邊，或者連東西也不會買的千金小姐嫁到未來的丈夫家去。基於這個緣故，公司對她們要求十分嚴格，在商品知識的教育訓練方面，也花了很大一筆開支。我常常告誡她們：『學會當一名合格的店員，不僅是為了顧客，為了公司，尤其是為了你們自己。』」

這位日本老闆真正做到了「攻心為上」。他不只是從公司角度出發，更重要的是從女店員自身的成長出發，來教育培養她們。他為員工的前途著想，員工自然會懷著感激之情，嚴格要求自己做一名好的店員，並處處為公司的前途著想。

實事求是是真理。人們往往習慣將自己抬得非常高，把別人狠狠的踩在腳底下，以為這樣就能證明自己的能力。但事實上，基層管理者欣賞自己的員工並不是什麼壞事，不僅能讓你認識到自己的缺點和不足，幫你不斷改進自己，還能建構一個融洽的工作環境和生活環境。這可是一舉多得的事，何樂而不為呢？

日本三得利企業的董事長鳥井信治郎，被他的部下稱為「父親」。然而，這位「父親」對屬下員工的要求卻十分嚴格，有時甚至到了令人難以容忍的地步。鳥井信治郎經常親自到工廠巡視，一旦發現紙屑、灰塵等髒東西，便面若冰霜，大聲喝斥員工清除乾淨，看見工作不力的員工，就毫不客氣的責罵對方，令其無地自容。

部下們都十分畏懼鳥井信治郎，只要一看到他巡視，就會發出「敵機來襲」的警告，提醒同仁小心戒備。鳥井信治郎每當發現任何工作上的缺點，就毫不留情的破口大罵，直到他滿意為止。曾有一個員工因為受不了如此嚴厲的責備而當場暈過去，甚至有個員工挨了鳥井信治郎的責罵，心情非常惡劣，便跑到橋上削蘋果，以細細長長的果皮來緩和心情。由此可見，那激烈、嚴厲的責備，對員工心理造成了多大的震撼。

鳥井信治郎對工作要求嚴格，但也以獎勵部下而聞名。企業賺錢時，鳥井信治郎總是將功勞歸於員工，並加發獎金給他們，獎金一多，常常會使員工傻眼：「是不是發錯了，怎麼這麼多呢？」順帶一提的是，鳥井信治郎發獎金的方式也很特別，他把員工一個個叫到董事長辦公室發獎金，而且常常在員工磕頭答禮後，正要退出時，又說：「稍等一下，這是給你母親的禮物。」待他要出去時，又說：「這是給你太太的禮物。」拿了這些禮物，員工心想應該沒有了，正要退出辦公室時，又聽到董事長大喊：「我忘了，還有一份給你小孩的禮物。」像這樣，員工當然會大受感動。

更令人感動的是，鳥井信治郎私底下對部下卻有如慈父般的呵護備至。例如，在鳥井商店開業後不久，鳥井信治郎經常聽到店員抱怨：「房間內有臭蟲，害得我們睡不好！」一天晚上，在店員都睡著後，鳥井信治郎悄悄的拿著蠟燭到房間柱子的裂縫裡以及櫃子間的空隙抓臭蟲。店員聽到聲響，從睡夢中驚醒，當他們看到正在認真抓臭蟲的經理時，都感動得落淚了。由於經理這樣的體貼，使店員都能耐得住嚴格的工作要求，這都是鳥井信治郎的態度使然。

基層管理者對待員工要有「真愛」。愛心管理是企業對員工實施人性化管理的必然要求，在對待員工時不要總擺出一副高高在上的姿態，讓他們感覺到上下之間有一條不可逾越的鴻溝。在平時的工作和生活中要盡可能的體貼、關愛員工，對他們的困難要及時伸出援助之手，絕不可袖手旁觀，人都是有感情的，哪怕你的一點點關心和愛護，都會讓員工感受到無窮的溫暖，這樣會加大他們與你之間的親和力和凝聚力。如果員工感覺在一個充滿寬容和愛的團體裡工作，才會有被重視、被鼓舞的感覺，工作起來才會真正發自內心、才願意為這個團體全力以赴。

給下屬一張笑臉

一張溫馨的笑臉，能解除人心靈上的戒備。笑臉是溝通人際關係的法寶。迷人的笑臉會拉近人與人的距離，會使人解除心靈上的戒備。人都喜歡看見別人的笑臉，可別忘了你自己臉上要時常露出溫馨的笑容。看到一張拉長的撲克臉是什麼感覺，相信每個人都曾經有過相同的體驗。陰沉的臉色，就像滿布烏雲的陰天，重重的壓抑著人心，讓人透不過氣來。一張和悅的笑臉，洋溢著善意和關懷，表現出來的是你心中純真的感情，接觸到它的人立刻會受到影響和感染。微笑帶來溫馨，帶來歡樂，帶來一切。親切柔美的笑容，正是天使的標誌。

對基層管理者來說，微笑有著更偉大的力量，良好人際關係的建立與調節可以因為微笑的潤滑而得以實現。

基層管理者不妨對你的員工發自內心的微笑，對於你來說，也許只是臉部肌肉的一張一弛，但對你的員工來說他們得到的是理解、尊重、愛護、關懷這四種需求的同時滿足。微笑就如同陽光一樣，給人帶來溫暖，在員工心中升騰起來的是感激之情，融洽的人際關係自然就容易建立，你在別人心目中的好感也會與日俱增。

人因為愉快才會微笑，微笑也能使人愉快，使別人愉快，使自己更愉快。你若是一位經常保持樂觀愉快的經理，就能夠透過微笑使周圍的人得到愉快，自己也會從中得到更大的愉快。人樂觀愉快，才能充分發揮自己的積極性，做什麼都會有興趣，所以你的微笑在某種程度上會讓員工得到情緒、精神上的鼓勵。

在你向下屬解釋了下一步企業要實現的目標與要完成的任務之後，試著微笑著對你的員工說：「怎麼樣，你一定會很好的完成任務吧？」這時員工們會怎麼想呢？他們一定從你的微笑中看到了勝利後的喜悅，感受到你對他們的信任與器重，體會到你對他們的深切期望。由此，他們完成任務的責任心與信心會在他們回敬你的自信的微笑中得以展現。

試想，你聽員工的工作匯報或意見，始終是一副毫無表情的面孔，只是偶爾的「嗯」、

「啊」的表示贊同，那麼員工會將你這副面孔裝進他們心中關於你的私人小檔案中。而且很可能這次匯報會突然被員工快速收場，因為他們一直在懷疑你是否真的願意再聽下去，在他們腦海中彷彿已形成了一種慣性思維：「你認為你的時間比他們的更重要。」

對匯報者報之以微笑，也許會使情勢大為改觀，員工們會從微笑中感覺到你對所述問題的興趣與重視，而且他們會從中受到很大鼓舞，因此將心中所有的感觸、想法全盤托出，既讓你了解了他們的真實心態，又知道了員工工作的客觀情況，而這些正是身居上層的管理者最需要的資訊。

良好的人際關係，能促進每一位員工的工作績效。而你用微笑的方式來調節企業人際關係時，每個人的心理上就有了樂觀處事、積極向上的創造業績的最佳情緒狀態。

羅莎・李說了一段他的管理經驗：「每逢生日和服裝店週年紀念日，我會親手寫個性化的賀卡送給所有同事——包括我的兒子以及和我們一起共事的家族成員。我會給每一個人都寫一份，並用真正的墨水筆簽上名字。員工們曾說：『這個工作量可不小。』但我一點也不覺得煩。我把它看成是一種特權。真正的樂趣在其中。例如，在約翰・希基三世過五十歲生日時，我寫道：『我在想……五十歲一定是個很美妙的事……當你度過重要的日子時，你的心態和技巧都是最佳的狀態……』提到我的話，他吃吃的笑著說：『謝謝，我驚訝極了。』而在寫給和我年齡一樣的六十歲的資深同事時，我會加一句：『六十歲真性感！』」

你可以透過許多方式建立關係。當陶德・米切爾的助理艾利森・布羅維，在術後兩周從家裡來上班時，陶德安排發貨部的葛列格親手送給她一杯星巴克的咖啡（是她最愛的焦糖瑪奇朵）。關係就建立起來了。

比爾・米切爾非常熱衷於寫明信片表達自己的讚賞，以至於在休假的時候還會寫上幾筆。他還養成了回來上班時帶束鮮花的習慣（實際上似乎每天他都這麼做），把花送給一個幸運的員工。他非常喜歡按摩，差不多一周至少要做一次，因此，當他知道某些同事也喜歡揉揉背部時，他會時而送給他們一張按摩券。有一次，比爾帶著整個收發貨部門去看康乃狄克州立大學的籃球比賽，因為他們都是該隊的忠實球迷。當比爾・米切爾不得不讓員工在星期五的五點發運一些貨品時，他們沒有像其他人那樣抱怨的找藉口，而是微笑著說：「好的，樂意為您效勞。」這並非是我們與下屬員工建立關係的初衷，但也算是個不錯的附帶結果。

在日常工作和生活中，很少有人能認知到員工是多麼需要基層管理者真心的讚賞和鼓勵，因為在這過程當中，員工們不僅能夠感受到讚美的樂趣和溫馨，同時也能增添自信。

林肯曾經說過：「人人都喜歡受人稱讚。這種渴望不斷的啃噬著人的心靈，少數懂得滿足人類這種欲望的人，便可以將別人掌握在手中。」

在美國還有一則被奉為經典的忠告，切斯將菲爾德爵士建議他的兒子以尼韋努公爵為榜樣：「你會發現，他透過先使人們喜歡他們自己來使得人們喜歡他。」很顯然這位公爵是讚美他人而贏得眾人的喜愛的。美國鋼鐵公司第一任總裁夏布先生也曾說過一段意味深長的話：「我想，我天生具有引發人們熱心的能力，促使人將自身能力發揮至極限的最好辦法就是讚賞和鼓勵。來自長輩或上司的批評，最容易葬送掉一個人的志氣。我從不批評他人，我相信獎勵是使人工作的原動力，所以我喜歡讚美而討厭吹毛求疵。如果說我喜歡什麼，那就是真誠、慷慨的讚美他人。」這就是夏布成功的祕訣。

工作成績被肯定，是人的價值得到了最期望的肯定，當他們得到肯定、讚賞和鼓勵後，會本能的煥發出更多的光和熱。為什麼我們不能學得慷慨一些呢？試著去尋找你周圍同事身上值得你讚賞和稱頌的東西，並且真誠的告訴他。當然一開始也許並不容易，但你會習慣的。

夏布曾廣泛接觸過世界各地不同層次的人，他的經驗告訴我們：「無論如何偉大或尊貴的人，他們和平常人一樣，在受認可的情況下，比在受指責的情形下，更能發奮工作，效果也更好。」所以，別忘了我們所接觸的人，包括我們所接觸的同事，他們同樣渴望被讚賞。在你每天的工作中，真誠的給予你的同事以讚賞，你將會發現每天都是一個鮮亮的世界。除了需要他人的讚賞外，我們每個人還總是希望別人以為自己很重要，以滿足我們內心深處的自尊。實際上，我們也確實自以為自己在某些方面比別人優秀。所以你要注意了，在你與同事的交往中不妨不露技巧的表現出你衷心的認為他們很重要、很優秀，這是你打動並進入他們內心的最好辦法，結果你將會贏得他們的真誠。

如果你能掌握並靈活的運用上述真誠與人相處的技巧，那麼你就擁有了創造奇蹟的能力，你將使你的同事喜歡你，並贏得他們真誠的合作。

讓員工覺得有面子

前些日子，公司招了個才學兼備、品貌雙全的女孩，而且家境甚優，家裡經營某服裝品牌。她一來上班，就開了輛 BMW，而經理才開 Toyota，派頭勝過主管。不過她也很鬱悶的。上班不久，主管就把美女叫到經理辦公室，私下說：「你不要開豪華車了，以後搭公司的專車上班吧！」。美女也是個懶人，常睡懶覺，專車要準時又要早起，所以美女不是坐公車就是計程車，日子一長美女感覺不便，於是又買了輛價位比經理的車子便宜的車子，主管再也沒有找她談過上下班坐車還是開車的問題。

「面子」這東西雖然看不見、摸不著，但在某些情境下卻是一張王牌。針對大多數人死要面子的特點，基層管理者就必須把握住絕不能當眾給下屬難堪。因為這樣做是讓他沒面子，傷害了他的自尊心，也會使他感覺到地位受到了威脅，感到尊嚴受到了挑戰，在這種心理狀態下，他一定會懷恨在心，甚至奮起反擊。你讓下屬這次下不了台，他要麼會憤而辭職，要不消極怠工，要不伺機報復，找個機會讓你也下不了台。所以用人時一定要牢記：必須時時保住下屬的面子，不能當眾傷害他們的尊嚴，不能挫傷他們的積極性和幹勁。人人愛面子，因此會對給他面子的人非常感激。你給他面子，他反過來也會給足你的面子。

許多年前，通用電器公司面臨著一個需要慎重處理的問題——開除查理斯・史坦恩梅茲擔任計算部門主管的職務。這個人在電器方面是一流的專家，可是卻不勝任計算部門主管的工作。那麼，就下達開除令，免去他的職務嗎？不能，公司少不了他；而他又特別敏感，容易激動。最後，公司給了他一個新頭銜。他們讓他擔任「通用電器公司顧問工程師」；工作和以前一樣，只是換了個頭銜。與此同時，他們巧妙的讓另外一個合適的人擔任了計算部門的主管。史坦恩梅茲非常滿意。

讓他保住面子！這一點是多麼重要！而有些管理者卻很少想到這一點，常常是無情剝掉員工的面子，傷害了員工的自尊心，抹煞了員工的感情，卻又自以為是。我們在他人面前喝斥下屬，找差錯，挑毛病，甚至進行粗暴的威脅，卻很少去考慮員工的自尊心。其實，只要冷靜的思考一兩分鐘，說一兩句體諒的話，對員工的態度寬大一些，就可以減少對員工的傷害，事情的結果也就大大的不同了。

所以，當下屬覺得上司給他面子時，他就會感到地位提高了，因此工作起來幹勁就大，就會讓上司也有面子。很多人怕丟面子，所以激將法在這些人身上屢試屢靈。一件事他本來覺得很難辦，但只要你拿話一激他，稍稍碰一碰他的面子，他的自尊心就會促使他一躍而起去爭面子。一般來說，正面利用愛面子的特性的方法就是要多給他們戴高帽，多進行精神鼓勵。愛面子代表他們自尊心強，而自尊心強的人沒有不喜歡奉承和鼓勵的。

青島海爾集團以員工的名字來命名其創造產品，如「啟明焊槍」、「雲燕鏡子」、「召銀扳手」等等，這些發明創造者的名字與他們的發明創造一起名列企業的發展史，是多麼令人自豪和羡慕的事情。誰不想名留青史？這必然激勵許多員工熱心於學習知識、鑽研業務，不斷提高自己的技能和實務水準。

杭州東方通信公司在表揚「行銷大師」時，把他們的家屬也請到場，並由董事長、總經理親自向家屬們獻花，這不僅使那些「行銷大師」受到鼓舞，而且也使他們的家屬受到激勵，大大增加了榮譽的附加值和激勵作用。

這兩個例子，一個是讓發明創造者名留企業青史，一個是讓「行銷大師」在自己的家屬面前臉上有光，都為那些做出重大貢獻的員工給足了面子。

因此，基層管理者要針對某些員工愛面子的特點進行因勢利導，盡量滿足他們的自尊心，讓他們覺得有面子，感到自己受人青睞，就會促使他們心甘情願的去拚命工作。但是，這種戴高帽法雖然在日常生活中見效，在一些風口浪尖的關鍵場合卻不奏效了，其原因有以下幾點：一，如果做一件事責任重大，下屬心裡一想，受到上司的誇獎固然風光，但把這個重要事情辦砸了，他丟的面子會更多，所以雖然受了精神鼓勵，他還是不願意去做；二，當風險極大的事情出現時，管理者一般會同時鼓勵多個部下共同完成這件事，但這時人們相互推諉，精神鼓勵的正面效應被抵消掉了；三，當重大事件來臨時，扶不起的部下受了再多的鼓勵也成不了事；而有辦事能力的部下卻容易產生幸災樂禍的心理，希望看同事丟臉，因此這時即使鼓勵他，他也不會挺身而出。在這種情況下，管理者就應當反其道而行之，使用激將法，故意表現出自己認為某個部下不能勝任這件事。這時這個部下就會感到自己的面子受損，自己的地位受到威脅，這樣自尊心就促使他自告奮勇站出來完成這件事以證明他的能力，保住他的面子。

「激將法」與「戴高帽法」的區別是，當他作用於同一個人時，前一種方法會使人感到面子減少了，而後一種方法會使人感到面子增加了。當人們感到做一件事是挽回面子時，他就不得不做它；但如果那樣做只是增加臉面，又有極大的風險時，他很可能選擇維持現狀。錦上添花不如雪中送炭，戴高帽法相當於錦上添花，而激將法相當於雪中送炭，因此在事情責任重大時，請將不如激將。

第五章 擁有高超的管理能力

作為一名基層管理者，最重要的工作不是不停地貫徹企業的規章制度，而是要有相當的管理能力，這就是辨識員工的能力。因而，管理者需要能夠準確判斷員工的能力，從而保證各種任務能夠高效完成，同時又能確保員工「人盡其才」。

衡量人才有尺度

有人說，把衡量人才的標準規定為學歷，能夠較好的展現選人用人的公平性；公司裡出現一個職缺，夠資格的人以十計甚至數十計，這麼多人來競爭，不用「學歷」衡量又用什麼衡量呢？因此，「學歷是塊敲門磚」描述了當前一些人事單位在選人用人上不重能力重學歷的現象。這種做法，使沒有文憑、學歷較低的人被「否決」，把很多沒有「敲門磚」但有真本領的人擋在了公司大門之外。這不禁使人思索：衡量人才的標準到底是什麼？

日本索尼公司的創始人盛田昭夫認為：只有一流的人才，才會造就一流的企業。如何篩選、識別、管理人才，並證明其最大價值，為企業所用，是管理者面臨的頭痛問題。因此，他確立了衡量人才的兩個尺度——內在激情和外在能力。一個人才所具有的內在激情，與一般我們所常說的某人有熱情是不同的。它比熱情更富有內涵。生活中，有些人外表平靜，內心卻充滿激情。而外在能力則是說這個人才所具有的專業技術能力、自我管理和管理他人能力、公關能力等等，這些都是在實際工作中我們所能夠看到的。所以，人才可以相對分為三類：一是內在激情與外在能力都高；二是內在激情高而外在能力低；三是內在激情低而外在能力高。

每個人的激情和能力所創造的價值不是簡單的加法關係，其中任何一個因素的增加，都會導致結果呈幾何數成長。

內在激情與工作能力都高的第一類人才，是對於組織最理想的管理型或專業領導型人才。對於管理者來說，最關鍵的是給這些人充分的權力，讓他們在輕鬆的環境中充分發揮聰明才智，實現他們自己的目標；同時賦予他們很高的責任，最大限度的發揮釋放他們的創造能力，從而形成強大的組織合力，推動組織向健康的方向發展。

微軟公司創辦人比爾蓋茲認為：「聰明就是能迅速的、有創見的理解並深入研究複雜的問題。」而所謂「聰明人」，具體的說就是反應敏捷，善於接受新事物的人；是能迅速的進入一個新領域，對之做出頭頭是道的解釋的人；是提出的問題往往一針見血，正中要害，能及時掌握所學知識，並且博聞強記的人；是能把原來認為互不相干的領域連結在一起並解決問題的人；是富有創新精神和合作精神的人。一個公司要發展迅速要聘用好的人才，尤其是需要聰明的人才。在這點上，微軟公司確實做到了，因為他們真正擁有聰明的人才。

微軟之所以如此看重「聰明人」，除了因其具有雄厚的科學技術和專門的業務知識外，還因其比較了解經營管理規則。尤其值得稱道的是，他們可將這些知識和規則在激烈的市場競爭中運用得得心應手。公司以比爾・蓋茲為代表，聚集了一大批這樣的「聰明人」，在技術開發上一路領先，在經營運作上技巧高超，使微軟成為全球發展最快的公司之一。事實上，蓋茲本身就是一個絕頂聰明的人。微軟的員工及外界一致認為，蓋茲是一個不折不扣的夢想家，他不斷的蓄積力量，瘋狂的追求成功，憑著他對技術知識和產業動態的理解大把的賺錢。這個「傢伙」聰明得令人畏懼。正因如此，蓋茲更傾向於尋求「聰明人」。

內在激情高而外在能力低的第二類人才，在新招募的員工中比較常見。工作激情很高，態度良好，但是沒有工作經驗，動手能力很差。對於這類員工，管理者應當充分肯定他們的激情，因為這種激情往往是最原始的、本能的、潛力最大的。針對這類員工工作能力的不足，管理者應該透過制定相關制度對他們提出嚴格要求，進行有效的系統化培訓，同時鼓勵他們大膽實踐，以便在工作過程中成長才幹。一定要先安排這類員工在第一線進行鍛鍊。對這類人員的管理是一項長期的投資，管理者要有耐心。

服務師公司是全球最具規模的服務性公司，它的子公司有專門提供消滅害蟲服務的特米尼斯公司，提供家政服務的快樂女傭公司，從事專業草坪養護的特魯格林公司等等。服務師公司的宗旨就是為人們提供最優秀的服務，這也是他們企業文化和價值觀的總體展現。

在一次管理人員會議上，波拉德播放了有關不同類型求職者的錄影帶，裡面有一位婦女，在面試時對管理人員說：「我是一個同性戀，但是我非常樂意為別人服務，所以我想在你們公司工作。」波拉德和其他公司的管理者商定，只要她真正的目的是來做事，就可以加入他們的公司。於是，最後這名婦女成了服務師公司的一員。另外，那錄影帶上還有一個人，他說：「我非常想加入你們公司，但我真的不想做服務性質的工作，我可以嘗試管理方面的工作。」波拉德當即指出：「這個人不適合，服務是我們最根本的要求，如果他認為服務性工作是不值得做的事，可見他的價值觀與我們相悖。」

最後，波拉德還說：「並非所有的人都願意接受我們的宗旨和價值觀。對於那些不願意接受我們的宗旨和價值觀的人，公司也的確不是他們合適的去處。所有想加入我們的人以及公司現有的員工，都應該明白這一點。」

內在激情低而外在能力高的第三類人才，多為專業領域中的技術性人員，他們是組織中價值很高的財富。一般說來，他們對於自己的職位或是長期的發展沒有明確目標，是最需要激勵和鞭策的。管理者一方面要對他們的能力予以肯定和信任；另一方面又要對他們提出具體的期望和要求，使他們看到自己的價值，激發他們努力工作的動力。需要管理者引起注意的是這類員工通常對現狀不滿，尤其對自己的薪水和晉升空間不滿。需要管理者經常與其溝通，以調整他們的心態。

除上述三類人才外，組織中還有一類內在激情與外在能力都低的員工，管理者也不能忽視。管理者對這類員工首先要有信心，盡量激發他們的激情和提高他們的能力。但是，一定要控制好在他們身上所花的時間和精力。如果這類員工長時間沒有改變，就不要再浪費時間和金錢，果斷予以淘汰出局。

不要戴有色眼鏡看人

有色眼鏡只能讓和鏡片顏色相同的色光通過，所以戴著有色眼鏡看物體時，除了與鏡片相同的顏色看起來不變外，白色看起來與鏡片的顏色相同，其他顏色看起來是黑的。所以戴著有色眼鏡往往看不清事物的真實色彩。不要戴著有色眼鏡看人是說看待人或事物時不能抱有成見。

劉備在得到諸葛亮之前，只憑個人的喜好作為識人標準，憑個人的印象和臆測選識人才，並自認為自己「文有孫乾、糜竺之輩，武有關、張、趙之流」。殊不知，天下之大，人外有人，只憑個人感情來評判人，結果往往會走入迷津。他常嘆自己思賢若渴，身邊無人才，以至於第一次見到司馬水鏡時竟無端埋怨說：「我劉備也經常隻身探求深谷中的隱賢，卻並沒有遇到過什麼真正的人才。」司馬水鏡引用孔子的一段話，批駁了劉備的錯誤觀點。他說：「孔子說過『十室之邑，必有忠信』，怎麼能說無人才呢？」繼而又指出，荊襄一帶就有奇才，建議劉備去訪求。這就為三顧茅廬拉開了帷幕。所以，僅憑個人意志、個人印象來肯定或否定某個人，只能空懷愛才之心，不會得到真正的人才。

每個人都有著自己不同的使命，每個人都有自己不同的人生價值，所以我們不能戴著有色眼鏡來看待任何人。而大多數管理者在人才的應用上，常憑著主觀意識去任命一個人，而不加以客觀，公正的審核。感情用事是選人的大忌。對人對事都不要先入為主，不要帶上有色眼鏡看人，更不應以小人之心度君子之腹。否則，組織就會失去很多優秀人才。

期中考試之後，單平平的成績異乎尋常、不可思議的變好了。王老師的第一反應就是，這絕對不是他的真實成績！因為在王老師的心目中，一名品行與成績「雙差生」不會發生如此翻天覆地的變化，「作弊」這個詞在他的腦海中久久縈繞，怎麼也揮不去。為了弄清事情的真相，王老師決定做一個澈底的調查。

首先，王老師找來單平平身邊的同學了解詳情，準備各個擊破，可他們卻異口同聲的說，最近單平平上課特別專心，課後還經常向同學和老師請教問題，數學演練的草稿紙就有好幾大本，在家也不是從前那自由散漫的樣子了。聽了他們的話王老師還是不大相信，於是，在課前課後開始留心觀察單平平，王老師發現的確像同學們所說的那樣。一天，王老師把單平平叫到辦公室，面對面了解情況，他說：「老師，以前我對不起你，從今以後，我要改變自己，重新做人。」這時，王老師才恍然大悟，原來是自己戴著有色眼鏡在看人！

不同的思維方式決定了看問題的不同結果。藍天白雲，在詩人的筆下，總是富有詩意的浪漫和飄逸，而在一般人眼中它只不過是一種自然現象而已；奔湧的江河，樂觀者看到的是歡樂，而悲觀者聽到的則是哭泣。被蒙上了厚厚紗布的眼睛，世界永遠渾濁和黑暗。之所以產生「懷疑」的偏見，關鍵是慣性思維在作怪。

唐高宗時，大臣盧承慶負責對官員進行政績考核。被考核人中有一名糧草督運官，一次在運糧途中突遇暴風，糧食幾乎全被吹光了。盧承慶便給這個運糧官以「監運損糧考中下」的鑒定。誰知這位運糧官神態自然，一副無所謂的樣子，腳步輕盈的出了官府。盧承慶見此便認為這位運糧官有雅量，馬上將他召回，隨後將評語改為「非力所能及考中中」。可是，這位運糧官仍然不喜不愧，也不感恩致謝。原來這位運糧官之前是在糧庫打混的，對政績毫不在意，做事本來就鬆懈渙散，恰好糧草督辦缺一名主管，暫時讓他做了替補。沒想到盧承慶本人恰是感情用事之人，辦事、為官沒有原則，二人可謂「志趣、性格相投」。於是，盧承慶大筆一揮，又將評語改為「寵辱不驚考上」。

盧公憑自己的觀感和情緒，便將一名官員的鑒定評語從六等升為一等，實可謂隨心所欲。這種融合個人愛憎好惡、感情用事的做法，根本不可能反映官員的真實政績，也失去了公正衡量官員的客觀標準，勢必產生「愛而不知其惡，憎而遂忘其善」的弊端。這樣，最容易出現拍馬屁的人圍在管理者左右，專揀管理者喜歡的事情、話語來迎合管理者的趣味和喜好的情形。久而久之，管理者就會憑自己的意志來識別人才，對有好感的人委以重任；而對與管理者保持距離，管理者印象不深的人，即使有真才實學，恐怕也不會委以重任。

有一天，一位中年人闖進小沃森的辦公室，大聲嚷嚷道：「我還有什麼希望！銷售總經理的差事丟了，現在做著因人設事的閒差，有什麼意思？」這個人叫伯肯斯托克，是 IBM 公司「未來需求部」的負責人，他是剛剛去世不久的 IBM 公司第二把手柯克的好友。由於柯克與小沃森是對頭，所以伯肯斯托克認為，柯克一死，小沃森一定會收拾他。於是打算辭職。

沃森父子以脾氣暴躁而聞名，但面對故意找茬的伯肯斯托克，小沃森並沒有發火。小沃森覺得，伯肯斯托克是個難得的人才，甚至比剛去世的柯克還精明。雖說此人是已故對手的員工，性格又桀驁不馴，但為了公司的前途，小沃森決定盡力挽留他。他對伯肯斯托克說：「如果你真有能力，那麼，不僅在柯克手下，在我、我父親手下都能成功。如果你認為我不公平，那你就走，否則，你應該留下，因為這裡有許多的機遇。」

事實證明，留下伯肯斯托克是極其正確的，因為在 IBM 進入電腦業之際，伯肯斯托克的貢獻最大。當小沃森極力勸說老沃森及 IBM 其他高級負責人盡快投入電腦行業時，公司總部回應者很少，而伯肯斯托克卻全力支持他。正是由於他們倆的攜手努力，才使 IBM 免於滅頂之災，並走向更輝煌的成功之路。後來，小沃森在他的回憶錄中，說了這樣一句話：「在柯克死後挽留伯肯斯托克，是我有史以來所採取的最出色的行動之一。」

小沃森不僅挽留了伯肯斯托克，而且提拔了一批他並不喜歡，但卻有真才實學的人。他在回憶錄中寫道：「我總是毫不猶豫的提拔我不喜歡的人。那種討人喜歡的助手，喜歡與你一道外出釣魚的好友，則是管理中的陷阱。相反，我總是尋找精明能幹，愛挑毛病、語言尖刻、幾乎令人生厭的人，他們能對你推心置腹。如果你能把這些人安排在你周圍工作，耐心聽取他們的意見，那麼，你能取得的成就將是無限的。」

作為一名基層管理者，雖然不是公司高級管理者，但也應該向上面的兩位管理者學習學習，懂得管理是一門藝術，理性的採用適合於彼此的工作方法進行管理，處理人事關係，可以避免簡單生硬和感情用事，避免不必要的誤解和糾紛，揚長避短、因勢利導，進而贏得同事的支持與配合，造就一個協同作戰的班子，並且能更迅速、更順利的制定和貫徹各種決策，實施更有效的管理。

大度容才

彌勒佛座前有這樣一副對聯：「笑口常開，笑天下可笑之人；大肚能容，容世上難容之事」。大肚能容從某種角度說，也是基層管理者工作的一種素養。只有具備寬容的氣度，才能有團結眾人的力量，最大限度的發揮人才的效能。寬容是激勵的一種方式，也是管理人才的一種方式。管理者的寬容特質能給予員工良好的心理感受，使員工感到親切、溫暖和友好，獲得心理上的安全感。同時也因為管理者的寬容，員工由於感動而增強了責任感，他希望能讓你因為他的成功而高興。

北平藝術學院院長徐悲鴻去參加一次國畫展覽會，展覽廳裡許多畫都沒有引起他的注意，唯獨一幅掛在角落裡的一幅標價僅八元的《蝦趣》令他駐足良久。陪同參觀的人員七嘴八舌的介紹作者齊白石的情況，有的說齊白石年紀大，有的說他當過木匠。但徐悲鴻認為這是難得的藝術珍品，當即要求展覽廳負責人將齊白石的這幅畫移掛到展覽廳正中，與自己的《奔馬圖》並列在一起，並親自將標價改成八十元，還在說明欄上標示「徐悲鴻標價」五個字，而他自己的那幅《奔馬圖》才標價七十元。此後，徐悲鴻專程拜訪齊白石，請他擔任藝術學院的教授。他認為齊白石是畫壇千里馬。在徐悲鴻的一再推舉下，齊白石走出茅屋，從此蜚聲畫壇，成為現代國畫的一代宗師。

徐悲鴻發現齊白石這樣的人才，完全是根據作品的品質，而不是根據年齡、文憑、出身和其他因素，即所謂英雄不問出處。缺乏寬容心態、對別人的不同意見不能相容的管理者，是在拒絕員工積極參與管理，其結果只會使員工喪失責任感和積極的心態。因為提意見者往往是積極的思考者。管理者能有寬容精神，必將使員工獲得發揮才能的最佳心理狀態。

人才要扶不要壓。一些管理者對一般的人才可以任而用之，可對八斗之才、拔尖之才，尤其是超越自己的高才卻容忍不了，認為人家構成了對自己權力和中心位置的威脅。於是，嫉妒之心油然而生，壓才之舉隨之而行。

袁紹厲兵秣馬，準備率十萬大軍攻伐曹操。袁紹的謀臣田豐認為此舉不足取，便對袁紹說：「現在徐州已破，曹操軍隊銳氣大增，不可輕敵，不如以久持之，待其有隙而後可動也。」袁紹頭腦發昏，哪裡肯聽！田豐再諫，袁紹發怒了：「汝等弄文輕武，使我失大義！」田豐仍在勸誡袁紹：「若不聽臣良言相勸，出師不利。」

袁紹大怒，將田豐投入大獄，率兵出征。結果，官渡一戰，袁紹被曹操殺得人仰馬翻，大敗而歸。這時，獄吏來見田豐說：「與君賀喜！」田豐說：「何喜可賀？」獄吏說：「袁將軍大敗而回，君必見重矣。」田豐很了解袁紹的為人，他笑道說：「吾今死矣。」獄吏很吃驚：「人皆為君喜，君何言死也？」田豐說：「袁將軍外寬內忌，不念忠誠。若勝而喜，猶能赦我；今戰敗則羞，吾不望生矣。」袁紹回來，果然以妖言惑眾的罪名將田豐殺了。

像袁紹這種容不得員工比自己強的角色其實是大有人在的。比如，有些管理者不樂意用比自己強的人，除了怕這些人難以駕馭，擔心彼此之間容易發生意見分歧，工作會受到影響外，主要還是嫉賢妒能的心理在作怪，總以為自己是管理者，自然應該是佼佼者，各方面都應該比別人高上一籌。因此，遇上比自己能力強、本領大的人時，就萌生妒意，採取種種辦法壓制他們，這樣的人永遠無法成為優秀的管理者。一個優秀的管理者，不是要處心積慮的去壓制你的屬下，而是要想方設法讓這些比你更強的人為組織工作。

八方客酒樓的廚師劉先生手藝極高，可謂當地餐飲業的知名大廚，八方客酒樓顧客盈門。但劉廚師名聲大，脾氣也大。另一個廚師脾氣很強，與劉廚師無法和諧相處。金橋飯店的主廚是個有眼光的人，他幾次以顧客身分到八方客酒樓品嘗劉廚師的菜餚，立刻發現劉廚師的價值，並用高薪將他拉到自己麾下。

幾個月後，金橋飯店的營業額倍增，八方客酒樓的生意卻逐漸蕭條下來。金橋飯店的主廚說，烹飪是一種藝術，餐飲學校的畢業生很多，他們是依照同一教學大綱培養出來的，操作手法也大同小異，但菜餚的色香味在於刀工、佐料、火候的細微差異。有人悟性高，有人悟性低，這種細微差異只可意會，不可言傳，即使傳授，別人也只能學其形而無法學其神。脾氣好、手藝精的人固然有，但凡事不能求全，既然好手藝與壞脾氣集中在一個人身上，難以分離，那就得容忍劉廚師的壞脾氣，因勢利導，為企業創造效益。

員工的才能雖有所長，也有其短。有的優點突出，缺點也突出：有的恃才自傲；有的不拘小節；有的性情怪僻。人才之間還有各種矛盾，因此，管理者既要用其長，也要容其短。

三國時的龐統，是與諸葛亮齊名的謀士。年輕時，為人樸鈍，卻因其貌不揚，性格怪異，未有識者。在赤壁之戰時避亂於江東，被魯肅推薦給周瑜，入曹營獻「連環計」，使周瑜火攻成功。周瑜去世後，有人曾將龐統推薦給孫權，但因龐統容貌醜陋，態度傲慢而未受重用。諸葛亮借弔孝之際拉攏龐統，同時魯肅也對之大為讚賞，於是龐統經推薦前往荊州投靠劉備，劉備令其任耒陽縣令。初為縣令，不理政事，治績不佳。劉備派張飛前去責罰，龐統笑著說：「量百里小縣一些小事，有何難斷之事？」當即令公吏搬出案卷，將百日公務之事，不消半日處理完畢，曲直分明，竟無半點差錯，令張飛瞠目結舌。

劉備這才召見龐統，發現區區縣令確實委屈了他的才華。兩人縱論上下古今，劉備對之刮目相看，大為器重，任命他為治中從事；繼而拜龐統為副軍師中郎將，與諸葛亮共商方略，教練軍士；再後龐統隨劉備取蜀，設計斬殺楊懷、高沛，得涪水關。龐統善能知人，議論英發，多出奇計，言出必中，實為一代英才。龐統與孔明齊助劉備，為以後助劉打曹立下了汗馬功勞。管理者要能慧眼識人，去瑕存瑜，知人善用。

寬容冒犯的人才。容人之中，容人之冒犯最難。某些管理者如「老虎的屁股摸不得」，「太歲頭上的土不能動」，員工稍有冒犯之舉，他就伺機報復，以「兵」相見。真正有遠見、有度量的管理者從不司下刁難冒犯者，對合理的冒犯，引咎自責；對不合理的冒犯，也能以事業為重，從大局出發，毫不介意。因為他知道，這些「膽大包天」的冒犯者大都秉性耿直，光明磊落，這正是難得的人才，是部門的希望所在。

用人在於平淡

歌德曾經說過：「只有兩條路可以通往遠大的目標，得以完成偉大的事業：力量與堅忍。力量只屬於少數得天獨厚的人；但是苦修的堅忍，卻艱澀而持久，能為最微小的我們所用，且很少不能達到它的目標，因為它那沉默的力量，隨時間而日益成長的不可抗拒的強大力量。」其實，這裡所說的堅忍又何嘗不是一種「平淡」的作風呢？千萬不要總期望自己是那種得天獨厚的人，真正得天獨厚的人是極其少的，許多成功的人事實上都是很普通的人。相信這樣一句話吧：「堅忍是成功的一大因素，只要在門上敲得夠久，夠大聲，終必會把人喚醒的。」

物理學家法拉第出身貧寒，十三歲上街賣報，十四歲在一個書本裝訂店當學徒，只有晚上和假日學習。後來他進了英國皇家學院，在物理學家大衛身邊做實驗員，工作之苦，如同僕役，受盡欺侮。一八三一年，大衛去世了，他接替了大衛的全部工作。這時，法拉第才真正開始從事物理學的研究，但他已是四十歲的人了。過去的二十五年，僅僅是為此做準備。

法拉第上任的第一天，助手們紛紛來祝賀，他卻謙遜的擋住說：「我不是大衛那樣的人，他是個發明家，年紀不老就離開了人世，只活了五十一歲。他的精力消耗得太快了。我們可能比他活得長久些，因為我們都很珍惜自己。我們所研究的並不是什麼新東西，而是將大衛已經做過的事情加以驗證和觀察罷了。」他還說：「大衛是個天才，也許是他有比較大的幹勁。然而只有天才進行創造，我只不過把天才所創造的事進行到底。」

一八三一年，法拉第發現了電磁感應。這項發現是他十年來科學研究的巔峰。在那些日子裡各種誘人的建議紛紛而來，多達原來十二倍的薪資在誘惑著他，各種不同的職務在等著他，英國貴族院授予他貴族封號，皇家學會聘請他為學會主席。所有這些，法拉第都一一予以謝絕。

法拉第對妻子說：「上帝把驕矜賜給誰，那就是上帝要誰死。我父親是個鐵匠的助手。兄弟是個工匠，曾幾何時，為了學會讀書，我當了書店的學徒。我的名字叫邁克爾‧法拉第，將來刻在墓碑上的唯有這一句而已！」法拉第就是這樣的謙虛，這樣的平淡。

平淡並不是平庸，平淡的人是一種蓄勢待發的人。一個良好的射手，總是把弓拉滿了再射出去，如此才能蓄勢而中的。管理者如能用到這樣的人，是很幸運的。我們常常聽到這樣的一句話：「什麼樣的管理者，用什麼樣的部下。什麼樣的部下，跟什麼樣的管理者。」管理者和部下像雙胞胎，不可分離。也有一個這樣的比喻：「養惡犬咬人的主人，也一定是一個惡人。」歷史上其實真正的所謂「暴君」並不多，往往倒是兇惡的爪牙，到處作惡多端，才使主人不明不白的蒙上暴君的惡名。所以說管理者希望部屬有怎麼樣的表現，要著手設立用人標準加以控制，這種標準並非是千篇一律的，而是要不同的管理者針對不同的用人狀況加以確立。

管理者用人表現在他所採用的用人標準。我們只要看看他所用的人，就可以推知他的用人哲學。那麼，什麼樣的用人標準才是比較合適的呢？當然這樣的標準沒有一定答案，仁者見仁，智者見智。但是有一個普遍要注意的問題是：先求其平淡，再求其聰明。平淡的人多半是聰明的人，這種聰明是一種大智慧，有著無限的蘊藏能量。而聰明的人卻未必平淡，所以這種聰明也至多只能稱其為小聰明。作為管理者，當然更傾向於選用聰明的人，這樣辦事才比較有把握。但是，並非所有聰明的人都能甘於平淡，若是聰明人不能平淡，就很容易偏執一端，並且只要稍有不滿，便興風作浪，弄得管理者苦惱萬分。管理者一定要避免這樣的人。一般說來，心胸寬廣的人，不會妒忌別人的出色才能，相反會十分欣賞和贊同別人的長處。對於表現良好的人，也能非常樂於向他學習，並且誠心誠意的接納他。若非平淡中和，恐怕很難達到這種地步。

《淮南子．道應訓》記載，楚將子發喜歡結交有一技之長的人，並把他們招攬到麾下。有個其貌不揚，號稱「神偷」的人，也被子發待為上賓。有一次，齊國進犯楚國，子發率軍迎敵。交戰三次，楚軍三次敗北。子發旗下不乏智謀之士、勇悍之將，但在強大的齊軍面前，簡直無計可施了。

神偷站出來請戰。他在夜幕的掩護下，將齊軍主帥的睡帳偷了回來。第二天，子發派使者將睡帳送還給齊軍主帥，並對他說：「我們出去打柴的士兵撿到您的帷帳，特地趕來奉還。」當天晚上，神偷又去將齊軍主帥的枕頭偷來，再由子發派人送還。第三天晚上，神偷連齊軍主帥頭上的髮簪都偷來了，子發照樣派人送還。齊軍上下聽說此事，甚為恐懼，主帥驚駭的對幕僚們說：「如果再不撤退，恐怕子發要派人來取我的人頭了。」於是，齊軍不戰而退。

心胸寬廣的人，才會謙虛。因為這份謙虛，他才會多問，多學，多看，多聽，透過如此的過程，才能真正做到知微也知顯，知柔也知剛，知外也知內，知己也知人，從而成為真正的全才，澈底擺脫偏執一端，眼光狹隘，見木不見林的弊病。

如果說稍有點聰明的人被稱作「英雄」的話，那麼平淡的人就應該被稱作「君子」。求才若渴的管理者，一開始也就會很重視各路「英雄」，但是精明的管理者，則更傾向於「君子」。因為管理者要知道「平淡」的重要性，就會明白「君子」比「英雄」更具持久性和耐力，英雄好比是個短跑運動員，而君子則是長跑的最佳人選。管理者要具備看重「君子」之道而捨棄「英雄」主義是非常難能可貴的。具備這種原則，然後從平淡中見聰明，從平凡中見偉大，從實務研判中增進自己的能力，久而久之，管理者就獨具慧眼，便可以判明真偽。

可以肯定的是，凡是聰明而外露的人，多半不是真正的聰明，至少缺乏平淡的素養，這種人也許會辦成一些小事，但是卻成不了真正的大事業。所以說，管理者的用人標準在於中庸，中庸即平淡，平淡者是真味，尤其不要被形形色色的專家所迷惑，真正的中庸之道，在於博而又能專，而非專而不博，此就是「全才」的道理。

敢用沒有經驗的人

金朝有一個人叫阿魯罕，出身寒微，是個曠世之才。金世宗時，從外路胥吏中選補優秀人才入朝，他從應選的三百人中以第一名的成績脫穎而出，此時已年近六旬。以後的任職歷程中，他在多個工作上做出了傲人的成績，以自己的品行、才幹贏得上層的器重，職位也由此一步步得以升遷。當其最終被朝廷任命為參知政事的要職時，在任上做了還不到五個月的時間，就因年邁病重而請求辭職了。金世宗深為惋惜，對朝臣說：「凡要用人，應當在他精力旺盛時就委以重任，如果考慮資歷、門第，往往會使那些有才能的人到了年邁體衰的年紀，還沒有提拔到充分施展其才智的職位上，他的才能還未來得及發揮，心力就不支了。」

有些基層管理者擔心年輕人經驗不夠，不能勝任分內工作。其實，這種擔心是不必要的。經驗夠不夠，只是比較而言。如果常常過分拘泥於資歷、求全責備等思想障礙，就會使一些很有潛力的人才難遇「伯樂」，待到認為該用了，人的才智也逾時不候了。

年輕人是組織的新生力量和後備力量，更是公司未來發展的棟梁。一個基層管理者就要大膽提拔優秀的年輕人，讓他們接受實務的考驗，並藉此提升他們的能力，他們才會更快更好的成長。可以說，敢用年輕人也是一種了不起的氣魄。如果一個部門任人只看資歷，只看過去的業績，論資排輩，那就會僵化和凝固，失去朝氣勃勃的生命力，從而停止前進的步伐。

誰說大學生找工作劣勢明顯？誰說如今學歷不值錢？誰說經驗豐富就一定是職場的搶手貨？對有潛力年輕人，基層管理者一方面要大膽啟用，另一方面還要會用、善用。另外，年輕人很容易被「捧殺」，取得一定成功的年輕人實際上處在較危險時刻。因此，管理者還要善於發現問題，及時引導、幫助和教育。其實，對一些年輕人來說，心胸有多寬，就能做多大的事情。要避免急功近利，好大喜功，而要一步一個腳印，踏踏實實。

用人用特長

管理學家杜拉克指出：「有效的管理者擇人任事和升遷，都以一個人能做些什麼為基礎。所以，我的用人決定，不在於如何減少人的短處，而在於如何發揮人的長處。」世界上沒有不存在任何缺點的人，管理者的要訣之一，就是如何發揮員工的長處，而不是尋找十全十美的「完人」。如果不能見人之長，用人之長，而是念念不忘其短，勢必會產生歧視人、壓制人的現象。

一個成功的基層管理者離不開得力員工的支持與配合。然而，管理者與員工之間的關係，既矛盾又統一，處理得好，員工可以為企業的成功鋪開道路，反之，將會成為企業前進路上的障礙。即使員工是一匹千里馬，也要有一名好騎手才行。

蔣琬是諸葛亮的繼任者，諸葛亮死後劉禪任命蔣琬為丞相。當時強人過世，蜀國內部人心惶惶，當務之急是穩定民心，讓人民重新樹立自信心，這就要求接任者不但要有治國的方略，還要有令人佩服的人格。

諸葛亮曾評價蔣琬：「以安定民眾為根本，為政重實效，不作表面文章。」此時的蔣琬既不憂傷，也不喜悅，神志舉止一如平常；國政事務，輕重緩急，有條不紊。他的沉穩影響到官吏，再到士兵、民眾，從而穩定住蜀國的局勢。「宰相肚裡能撐船」。作為宰輔，必須要能容人、容言、容事。看人看優點，求同存異，一切以大局為重，這方面蔣琬做得很出色。蔣琬上台後，許多人不服氣。他身邊的東曹椽楊戲沉默寡言，蔣琬和他討論事務，他常常一聲不吭。有人藉機中傷楊戲：「他傲慢無禮，不把您放在眼裡。」蔣琬深知計較一時一事，有可能演變成門派爭鬥，於國不利。於是他為楊戲辯解說：「人哪有一樣的啊，楊戲只是說話比較慎重，再說他想贊同我，違背己意，想反駁我，倒顯出我有錯，所以他乾脆不說話了。以後你們不許在背後議論別人是非。」

楊戲確實本性不壞，史書說他傲慢疏懶，說話簡要，發布公文指示政務都是這樣，一個字也不多說。只是這個人不擅長人際關係，說話不好聽，就像人們說的「狗嘴裡吐不出象牙」。後來楊戲借著酒勁，多次對姜維冷嘲熱諷，姜維可沒有蔣琬的氣度，很生氣，找個藉口，把楊戲貶為平民。

有個人叫楊敏，任督農一職，他說：「蔣琬做事昏庸，比不上前任。」有好事者把此話告訴了蔣琬，蔣琬非但不怒，反而說：「我確實不如前任，心裡時常愧疚。」好事者主張責問楊敏，為什麼說蔣大人昏庸？蔣琬制止住，說：「既然不如前任，行事自然處置不當，這不就是昏庸嘛！還問什麼？」後來楊敏因罪入獄，大家都以為蔣琬會藉機報復，沒想到蔣琬秉公處置，未判楊敏重罪。

優秀管理者會用人之長，他們會給員工一個充分展現自我的空間，發現他們的長處。其實，除了特別自卑的人，幾乎每個人都喜歡在眾人面前表現自己的長處和最拿手的技藝。因為每個人都有優越感，只不過程度不同罷了。而管理者所創造的寬鬆的工作環境，使每個人都有了展現自己的機會。作為管理者，他們這樣做，不僅僅能出色的完成工作，同時也能給員工一種滿足感。讓員工感激不盡，從而竭力工作，以報知遇之恩。

在一定程度上說，會用人的管理者，可以使任何人都派上用場，「智者不用其短，而用愚人之所長也。」團結就是力量，曹操讓三人揚長避短，「知人者智」，可見曹操善於用人之一斑。有人認為這樣的管理者雖然能用人之長，但忽略這些人的缺點，最終可能種下禍根。要知道真正的人才大多有缺點，如果求全責備，就會無人可用。知人善任是一切管理者獲得事業成功並贏得部下信賴的重要手段。

曹操能夠雄霸天下，和他能對人才各用其長並能互相配合的方法分不開。建安二十五年（西元二一五年），曹操西征張魯，東吳孫權見有機可乘，率軍攻打合肥。鎮守合肥的三員大將是張遼、李典、樂進。他三人論資歷、能力、地位、職務，不相上下，也正因為這樣，所以三個人互不服氣。此時大敵當前，是戰是守，三人觀點不一；誰為主將，誰為副將，這個問題也很棘手。曹操早已做了安排，此時護軍薛悌，拿出曹操預先留給三人的信函，上面寫道：「若孫權至者，張、李將軍出戰，樂將軍守城。」曹操對三人的脾氣、秉性了解充分，對三人的矛盾也瞭若指掌，做出上面的安排很有道理。

張遼文武職務都擔任過，有膽有識，而且深明大義，一切以大局為重，最適合做李典、樂進的上級。樂進，雖然「容貌短小」，但是脾氣暴躁，攻城拔寨，身先士卒，是員猛將。李典，喜好做學問，舉止儒雅，與人和善，不與人爭功。他雖然跟隨曹操的時間很長，但從沒有獨當一面。

按一般管理者的用人方法，以李典守城，以張遼、樂進出戰作安排。但是張遼、樂進二人勇則勇矣；而曹操讓樂進守城，張遼不會計較個人得失，李典「不善與人爭功」，二人肯定會協調一致。果然在張遼的帶動下，三人以大局為重，各負其責，協調一致，大敗孫權。

管理者之所以失敗，都壞在他們把許多不適宜的工作加在員工身上，也不去管他們是否能夠勝任，是否感到愉快。一個善於用人，善於安排工作的管理者會在工作中少去許多麻煩。用人的話，員工的好壞都要看，不要只看壞不看好，而要看到他們的優點和長處，如果看缺點那每個人都不能用。看員工的好，用員工的長處和優點，不要用員工的缺點，缺點告訴員工可以改，使每一個員工都能發揮所長，各得其職。

美國南北戰爭期間，林肯為了穩健，一直任用那些沒有缺點的人任北軍的統帥。可事與願違，他所選拔的這些統帥在擁有人力物力優勢的情況下，一個個接連被南軍將領打敗，有一次差點還丟了首都華盛頓。林肯很震驚，經過分析，他發現南軍將領都是有明顯缺點同時又具有個人特長的人，總司令李將軍善用其長，所以能連連取勝。於是林肯毅然任命格蘭特將軍為總司令。但格蘭特遭到了一些人的非議。

據一八六三年十一月二十六日的《紐約先驅報》報導，某個禁酒委員會的成員訪問林肯，要求他將格蘭特將軍免職。林肯吃了一驚，問：原因何在？該委員會發言人說，因為他喝威士忌喝得太多了。林肯說：「請你們誰來告訴我，格蘭特喝威士忌的牌子？我想給我的其他將軍每人送一桶去。」

林肯何嘗不知道酗酒可能誤大事，但他更清楚在諸將領中，唯格蘭特將軍能夠運籌帷幄，是決勝千里的帥才。「我不能沒有這個人，他能征善戰。」後來的事實證明格蘭特將軍的受命正是南北戰爭的轉捩點，格蘭特打敗了南部軍隊總司令羅伯特。

在一般人眼中，短就是短，而在有見識的管理者看來，短也是長。即所謂「尺有所短，寸有所長。」在成功的管理者眼裡，人才通常都會具有很多特點，比如有的人凡事積極主動，時刻都表現出一種高度的自主性，很少需要上司的監督和督促，能夠自己完成工作和計畫；有的人創造欲比較強，工作效率遠遠超出其他人；還有的人自我控制力較強，即使個人情緒低落或外界有任何干擾，他們仍舊能品質兼具的完成工作。

成功的管理者不會吝惜薪水和職位，更不會把更加繁瑣的工作交給優秀員工去做，他們會給優秀員工發揮潛能和特長的機會，讓他們放手去拼，有充分的自主權，讓這些人才在最為關鍵的地方衝鋒陷陣。在這種情況下，得到認可和授權的員工一定會拚命工作，忠貞不二。

用好狂妄的員工

狂妄自大的人雖然在某些方面、某個領域內才能出眾，但仍有他的不足和缺陷。因此，你也可利用這點來讓他看到自己的不足，讓他自我反省，減少他的傲氣。有的員工仗著自己「才高八斗」，就目空一切、恃才傲物，誰都看不起，包括自己的上司。頭痛的是，他又有一手絕活，公司缺不了他。在這種狀況下，你只能了解這種員工的個性，並學會與他和諧相處。

三國時的龐統，不僅面貌怪異，而且性格也與常人不同。諸葛亮知道他才學滿腹，所以把他推薦給劉備。但是劉備不僅不能接受他那醜陋的相貌，也接受不了他那怪異的性格。所以劉備只給他了一個不太重要的縣份的縣令讓他來作。但是龐統的怪異中有著超常的才能。他知道劉備只讓他作縣令，是瞧不起他。所以上任後，整日睡覺、飲酒，不理政事。這樣混了百日之久。後來這事讓劉備知道了，便讓張飛去檢查他的工作。張飛責備龐統有負劉備主公的旨意。這時龐統就拿出了自己的本事，一天內處理完了全縣百日內積壓起來的公文，表現出了超常的才能。這事讓劉備給知道了，明白自己小看了龐統，便把龐統提拔到了更為重要的工作。

一個人狂傲未嘗不可，有時候，狂還是一種優點。但是，太過狂妄就不太好了，狂妄之中帶有妄想，或許這種人是個人才，但他卻自命不凡，以為自己是曠世之才，前無古人後無來者。如果一個員工狂妄到這種地步，卻又不能開除他，那真是讓管理者頭痛萬分。

大凡恃才傲物的人都有如下特性：把自己看得很了不起，覺得別人都不如他，大有「舍我其誰」的感覺。說話一點也不謙遜，甚至常常話中帶刺，做事也我行我素，對別人的建議不屑一顧；大多自命不凡，卻又好高騖遠、眼高手低，即使自己做不來的事，也不願交給別人去做；往往是性格怪異的自戀狂，聽不進也不願聽別人的意見，不太和別人交往，凡事都認為自己才是對的，對別人總是持懷疑態度。

公司業務部門主管鄧主任，最近遇到一個困擾他的問題，手下一名業務員胡中枯對他來說是個大麻煩。

胡中枯頭腦靈活、辦事俐落，業績在部門內更是出類拔萃。但卻恃才傲物，動不動就得理不饒人，甚至不把鄧主任放在眼裡。鄧主任找胡中枯談過，他答應要注意團結，可沒過幾天依舊我行我素。鄧主任陷入了兩難的境地：剛來就辭退資深員工，容易被其他員工排擠；如果任由局勢發展下去，整個團隊早晚被搞得人仰馬翻，而鄧主任的將來也會毀於一旦。

自信是一種應該取得肯定的特質，這類人的心理特點是充分自信，這種自信往往是建立在豐富的知識和橫溢的才華上。諸如高傲、自命不凡、不屑一顧等詞語，實際上是他們自信心在某種性格條件下的無意流露。他們信服的是真理，而不是人，他們注意獲取資訊，卻又不太願在眾人中維持作為一個一般人所導致的心理失調。要跟這種員工相處，必須先掌握他們的心理，然後採取有效的方法。

用其所長，切忌壓制、打擊或排擠他。狂傲的人，大都有一技之長，否則，根本就沒人願意理會他。因此，你在看到他不好的一面時，一定要有耐心的與他相處，要視其所長而加以任用，絕不能因一時看不慣，就採取壓制的辦法。這樣，只會讓他產生一種越壓越不服氣的叛逆心理，當你需要用他的時候，他就可能故意扯你後腿。因此，萬一你碰到這種人，就要想想劉備為求人才三顧茅廬的故事，畢竟你是在為自己的利益著想，而不是為了別人的利益在忍氣吞聲，因此，在這種人面前，即使屈尊一下也不算太大的損失。

有意用短，挫挫他的傲氣妄念。狂妄自大的人雖然在某些方面、某個領域內才能出眾，但仍有他的不足和缺陷。因此，你也可利用這點來讓他看到自己的不足，讓他自我反省，減少他的傲氣。譬如，安排一兩件做起來相當吃力，或者難以完成的工作讓他做，並事先故意鼓勵他：「好好做就行，失敗也沒關係。」如果他在限定的時間內完成不了工作，你仍然和顏悅色安慰他，那麼他就一定會意識到自己先前的狂妄是錯誤的，並會加以改正。

此外，狂妄自大的人，往往對自己說過的話不負責，信口開河說自己樣樣都行，其實他的特長只有一兩個方面。管理者不妨抓住他喜歡吹噓的弱點，對他說：「這件事情全公司人都做不來，只有你才行。」而給他的工作，恰恰是他陌生或做不好的事情，他遭到失敗是預料之中的事。失敗之後，你要安慰他，不要讓他察覺你是故意要讓他出醜，這樣一來，他就會服服貼貼，雖然不可能改掉狂傲的脾氣，但你以後使用他的時候就順手多了。

要替他承擔責任，以大度容他。狂妄自大的人由於總是認為自己了不起，因此，做什麼事都顯得漫不經心，以表現自己是多麼厲害，隨隨便便就可以把一件工作做好，所以，常常會因為這種心態而把事情搞砸。這時候，你千萬不可以落井下石，相反，要勇敢的站出來替他承擔責任，幫他分析錯誤的原因。這樣一來，他以後在你面前就不會傲慢無禮了，並會用他的特殊才能來幫助你完成工作。

關注不被重用的員工

作為一個基層管理者，對下屬的各種動態要了然於心。在同一個部門，每個人的性格都不一樣，勤勞者有之，懶散者有之，活潑者有之，安靜者有之，工作效率因人而異。但有幾種人，並不因為做人的原因，也不是能力的原因，總之，他們得不到管理者的重用。

有些員工精於工作，也有知識、技術和才華，能得到一些同事的喜愛與尊重。但由於工作性質或人事關係，使他的知識、才能得不到發揮。他學的知識完全與工作無關。別人升遷、加薪、晉級，他卻只是增加工作量。對這種境遇，他早就不滿，也早就想找個能發展自己的地方或工作，但他不能大膽陳述、努力捍衛，而只是拐彎抹角的講一講，訊息得不到傳達，或根本被上司忽視了。一切全因為他像一隻綿羊溫順馴服，不知明天在哪裡，一切等待別人來讓他變化。

作為基層管理者應當分析這種狀況產生的根源，把他放到有利於施展才華的工作上，並且鼓勵他大膽陳詞，為公司提出良好的建議，發揮他的積極性和能動性，最終使其能夠才盡其用。

幾個月前，某公司的一位有問題的員工葉喜於被調到設計科。設計科主要負責廠內機器設計的維修和安裝。葉喜於在這之前換過很多單位，人際關係不佳，被認為是個很難應付的人。科長在葉喜於進來之前，就詳細調查了他以往的經歷，得到以下結果：

葉喜於五年前從高中畢業，曾經是一位技術純熟的機械工。不僅精通機器，也有創新的能力，曾因此而獲得公司董事長的嘉獎。但是，有一次他被調到一個單位，他們使用的是一種新型的機器設備，結果葉喜於的經驗完全不能派上用場，等於是從頭開始學習。雖然葉喜於努力的去了解這些新機器，但和其他員工比起來，工作績效還是相差甚遠。因為對新機器的操作不習慣，績效較差的葉喜於便遭到科長嚴厲的指責：「不想做就回家算了！」

葉喜於並不是沒有工作熱忱，只不過是需要一些時間去適應這些新機器。對葉喜於而言，他這麼認真卻被批評為沒有工作熱忱，實在感到意外，從這個時候開始，葉喜於就陷入了工作低潮。雖然不久後，他又被調到別的單位，但是他的情緒一直不見好轉，經常和同事發生爭執。就這樣，他連換了好幾個單位，被當做皮球踢來踢去。

為了歡迎葉喜於到設計科來，科長和他促膝長談。談話中，他讓葉喜於聯想起得到董事長嘉獎時的風光。科長看到葉喜於談到自己那段光榮經歷時，眼裡充滿了喜悅和驕傲。就這樣，葉喜於在設計科找回了以往的工作熱忱。雖然之前因為不斷換單位，使他在職位晉升上比別人慢了一步，但他在設計科的努力得到了上司的認同。現在，他已經是站在第一線的監督者了。

有些員工工作任勞任怨，認真負責，可是他的工作很少有人知道，尤其他的上司。別人可以用他的成績去報功請賞，可他永遠只能隱身在後，當不了真正的英雄。他內心也想到榮譽、地位、薪水，但沒有學會如何使人注意到自己，注意到自己的成績、成就。一些坐享其成的人在擷取他的才智成果，他只會面壁垂泣。

優秀的管理者從不會讓下屬有明珠暗投之嘆。有識人之明是每個管理者的基本素養，當你的單位用人時出現這種情況時，當務之急得趕緊擦亮自己的雙眼，別讓「千里馬」被別人牽走了。

有些員工不能說不自信，甚至是自信過了頭。在工作上很能幹，表現也很不錯，但卻看不起同事，用不愉快、敵視的態度跟人相處，與每個人都有點意見衝突。行為上太放肆，干涉擾亂別人。大家對這種人「恨而遠之」。他的好辦法、好成績，人家也全不理會。

在通常情況下，一個具有一定能力的下屬容易自視甚高，和同事之間的關係相處得不融洽，而管理者對這類有優點、有缺點的下屬應當擇其優而揚之，認同他的工作能力和才華，而對其缺點也不可放過，在疏與導之間，方能顯出管理者知人善用的一面。

有些員工心不在焉的工作，時常遲到早退、拖延工作或者東遊西蕩打發工作時間。問題不在於他做不好工作，在用心時，他的工作是第一流的，只是因為並不積極，所以他根本就沒有發揮自己的潛能。由於自制能力出了問題，使他形成不良的工作習慣，阻礙了他的升遷晉級。善於觀察工作能力的人，常怪他為何不能做得更好。起初，上司或許也有點失望和惋惜，可到了後來也不抱什麼希望了。上司總是想方設法把這種人打發走，或者調到無足輕重的工作去。

基層管理者的能力就展現在把有缺點的人才轉變過來上。對於這類人，激其奮進、鼓其鬥志、束其散漫、究其思想，然後與他傾心相談，是可以收到治標兼治本之功效的。把一個有缺點的能人打發走或調至無足輕重的職位，是管理者無能的表現。

有些員工一邊埋頭工作，一邊對工作不滿意；一邊在完成任務，一邊愁眉苦臉。讓人總覺得他消極、被動，而上司認為他是個干擾工作、愛發牢騷的人，只知道對工作環境和同事的工作發牢騷、洩怨憤。也許他希望工作和環境秩序好一點，卻不能在適當的場合、用適當的方式認真提出來，而只一味的抱怨。同事認為他難相處，上司認為他不順手。結果升級、加薪的機會都被別人得去了，他只有「天真」的發牢騷。其實這種人最好應付。管理者只要關心他的生活，對他動之以情，曉之以理，加之以薪，他就會無牢騷可言。

有些員工對任何請求，都笑臉迎納。別人請他幫忙，他總是放下自己的工作去支援，自己手頭落下的工作只有另外加班。他為別人犧牲不少，但很少得到別人與上司的賞識。對自己的權利、利益從來不知道去維護，也不敢去爭辯。在主管面前不會說「不」，把許許多多不能完成的工作都壓到自己身上，全然不知道向上司提出來。到頭來心中感到委屈，不好受，只能到家中向妻兒發脾氣。

這類人是受薪階級中的大多數，也是社會的中堅分子。管理者既要關心他的生活和內心的想法，又要鼓勵他努力去爭取自己應有的權利，活得順心，讓他們家庭事業兩順利，在公司是合格的員工，在家庭是盡職的父母。管理者最重要的是有一顆關愛下屬之心。

把跳槽者拖回來

「經過慎重的考慮，我決定辭職，我找到另外一個機會，我接受了另外一份工作，我們能談談嗎？」這是石占城在新年第一天給公司銷售主管仲少會發的一封郵件。仲少會收到這份郵件後感覺非常驚訝，因為石占城是銷售菁英，上一年的銷售冠軍，對於銷售部來說屬於「至關重要」的角色，而他卻在這時選擇辭職。

優秀員工留不住，能留住的都不是優秀的，員工的跳槽時常困擾著基層管理者。任何組織都避免不了競爭者的襲擊，高素養的員工總是會有工作機會找上門來。即使競爭對手還沒打算挖你的牆腳，但管理者想憑藉公平對待員工、獎勵出色表現、提供良好環境、創造升遷機會等措施留住最有價值的員工，也始終是件艱苦的工作。但是，當優秀員工遞上他的辭呈時，基層管理者不見得束手無策，但能把多少人留下來，決定於你對他們得到的工作機會做何反應，即你的反應速度有多快、勸人留下來是否有效。下面的一組舉措也許可以幫助基層管理者修補殘局。

立刻作出反應。如果公司十分想留住這位員工，那就沒有什麼事比立即對離職做出反應更重要了。基層管理者應該馬上停止預訂的活動，時間上有任何延誤，例如「開完會我再和你談」之類的話，都會使辭職不可挽回。帶著緊迫感處理問題的目的在向員工表明他確實比日常工作更重要。

保密消息。絕對封鎖辭職的消息對雙方都很重要。對員工來說，這為他改變主意繼續留下清除了一個主要障礙，這個障礙有可能使他在重新決定時猶豫不決。如果其他人毫不知情，他就不必面對公開反悔的尷尬處境。而公司在消息公布以前，能有更大的迴旋餘地。

傾聽員工心聲。管理者要坐下來和該員工交談，仔細聆聽，找出其辭職的確切原因。從員工身上了解到的情況要原封不動的向上級匯報，即使其中有對管理者的微詞。還要了解員工看中了另一家公司的哪些方面，是環境更好，待遇更優厚，工作節奏有快慢異同，還是對事業看法發生了根本轉變。這些顯然是說服員工改變主意的關鍵。

組織方案。一旦收集到準確訊息，管理者應該形成一個說服員工留下來的方案。一般而言，員工因為兩個並存的原因而辭職，一個是「推力」，即在本公司長期不順心；另一個是來自另一家公司的「拉力」，即站在這山望著那山高。一個成功的挽留方案，應該針對員工產生離職想法的問題，提出切實的解決意見，還要使員工認知到，他對別家公司的種種好處看法不切實際。

有了仔細規劃的策略，就該著手贏回員工了。管理者對辭職快速作出反應，就是要讓員工從一開始就感到，他的辭職想法有誤會，公司也知道這是個誤會，並將全心全意糾正失誤。要是合適，管理者可以在工作時間之外和他一起用餐，工作所需的各級管理者都應參加。如果員工的配偶是其辭職的重要因素，那就請對方一起參加。

為員工解決困難，把他爭取回來。如果方案組織及時，又確實能改正造成員工心猿意馬的那些問題，員工可能會改變想法，除非辭職員工確實已對公司深惡痛絕。多數情況下，他們只是不滿工作中的某些方面，或不喜歡直接上司。當他們能在別的公司找到工作時，這些問題就被放大了，因為大致看來，那家公司好像能滿足相應的要求。經由緩和在本公司的矛盾，突顯與那家公司的不同之處，員工往往同意留下來是最佳選擇。

趕走競爭對手。要讓員工同意回絕對方提供的工作。他應該堅定不移的表明，不希望再討價還價或繼續商量，他將留在本公司，他的決定是最終決定。讓員工用這種方式向競爭對手表明事實，阻止那家公司企圖再挖走其他員工。

防患未然。整個過程剩下最後一步也是最重要的一步。管理者要坐下來，仔細了解你的員工，想一想以後可能會在哪裡出問題。對於一個精明、有遠見的管理者來說，掌握了上述有效的留人手段，良將將為你所有。

第六章 將員工團結起來

為了快速提高整個團隊的戰鬥力，基層管理者不妨暫時把自己比員工多出的那些能力束之高閣，把更多的精力用於拓展員工的發揮空間，激發他們的創造性；賦予下屬充分的職權，同時創造出每一個人都能恪盡職守的環境。

真正的成功是團隊的成功

團隊精神不僅僅是對員工的要求，更是對基層管理者的要求。團隊合作對部門的最終成功有舉足輕重的作用。對基層管理者而言，真正意義上的成功必然是團隊的成功。脫離團隊去追求個人的成功，這樣即使成功了，往往也是變味和苦澀的，長期下去對公司是有害的。因此，基層管理者的執行力絕不是個人的勇猛直前、孤軍深入，而是帶領團隊共同前進。

某公司有兩位剛從技術工作提升到管理工作的年輕基層管理者：劉基層管理者和越基層管理者。劉基層管理者覺得責任重大，技術進步日新月異，部門中又有許多技術問題沒有解決，有緊迫感，每天刻苦學習相關知識，鑽研技術資料，加班解決技術問題。他認為，問題的關鍵在於他是否能向下屬證明自己在技術方面是出色的。

越基層管理者也認知到技術的重要性和自己部門的不足，因此他花很多的時間向下屬介紹自己的經驗和知識。當下屬遇到問題，他也幫忙一起解決，並積極的和相關部門聯繫及協調。三個月後，劉基層管理者和越基層管理者都非常好的解決了部門的技術問題，而且劉基層管理者似乎更突出。但半年後，劉基層管理者發現問題越來越多，自己越來越忙，但下屬似乎並不滿意，覺得很委屈。越基層管理者卻得到了下屬的擁戴，部門士氣高昂，以前的問題都解決了，還產出一些新的發明。

基層管理者的執行力不是個人的行為，而必須是整個團隊的執行。因此，基層管理者的團隊精神不僅指個人的態度，還必須對整個組織的團隊精神負責。

如果把一車重達五十噸的沙子從大廈頂樓倒下來，對地面的衝擊是不太大的，如果把五十噸沙子凝固成整塊混凝土後從大廈上倒下來，其結果就大不一樣。團隊管理就是把一車散沙變成已凝固成整塊的混凝土，將一個個獨立團隊成員變成一個堅強有力的團體，從而能夠順利完成專案的既定目標。

沙土需要搭配石頭、鋼筋和水泥等才能形成混凝土，在團隊中同樣如此。每個成員的知識結構、技術技能、工作經驗和年齡性別按比例的配置，達到合理的互補，決定了這個團隊的基本要素。有了沙土等基本要素，是否就一定是混凝土呢？沒有水，沒有攪拌，就還不行。混凝土中的水就是一種良好的團隊氛圍，團結信任積極向上的工作氣氛。具備了這種氣氛，意味著項目成功了一半。基層管理者在團隊管理中相當於攪拌機的作用，組織會議、討論、學習、公關和休閒等活動，與成員之間形成良好的溝通，最終能形成明智的決策。二〇〇二年世界盃中，西班牙的自取滅亡，就證明了團隊合作的重要性。

雖然西班牙隊擁有豪華的明星陣容，但是因為球員之間無形的激烈競爭，累積了相互的不信任，甚至是嫉妒，沒能形成正常的團隊合作，結果不幸被淘汰了。這無疑證明了現代足球的大趨勢——明星球員開始貶值，靠團隊的力量才能奪冠。

希丁克非常清楚，讓球員們造就相互信任的環境，是球隊獲勝的關鍵。他在訓練時反覆強調要「團隊合作」，而且一再指出：「在組織中，團隊絕對比個人優先。要警惕傷害團隊協作的個人技術」。他曾經對個人技術好的隊員幾次警告道：「太過自信往往會踢起個人球，會使團隊打法與全體戰術崩潰。你需要再冷靜一下！」為了加強團隊合作，他特別警惕媒體只關注特定的某個球員。如果媒體只集中在部分明星球員時，他就會對公關部門下達類似的嚴令：「到世界盃前讓國家隊二十三名球員，全部都能登上報紙和廣播。已經接受過一次採訪的球員，以後就不能進行正式的採訪了。」

足球協會要發鼓勵獎金時，希丁克就要求：「給球員和教職隊員發同樣的數目。」從這也可看出，他重視團隊協作的哲學。過去「鼓勵獎金」的慣例是只發給主教練和教職隊員。國家隊不是只靠幾名明星組成的球隊。希丁克一貫信奉的成功哲學是「二十三名球員是一個整體」。為了在比賽中獲勝，確實是需要明星，但是如果團隊力量因明星而瓦解，就根本不可能勝利。在世界盃取得勝利時，希丁克從不對某位球員進行表揚。他只會說：「今天能取得勝利是所有球員相互合作的結果。」

在團隊管理中，不同角色的成員的目標是不一致的。基層管理者直接面向客戶，需要按照承諾，品質兼顧的按時完成專案目標。員工可能是打工者心態，我做一天你要支付我一天的薪資，加班要給獎金，當然專案能學到新知識技能就更好。

團隊中不同角色由於地位和看問題的角度不同，對目標和期望值會有很大的區別，這是一點也不奇怪的事情。優秀的基層管理者善於捕捉成員間不同的心態，理解他們的需求，幫助他們樹立共同的奮鬥目標。力往一處使，使得團隊的努力形成合力。

人們曾經認為，修建一條從太平洋沿岸到世界最長的山脈（安地斯山脈）的鐵路是不可能的。但是一個波蘭血統的工程師歐尼斯特・馬林諾斯基卻以實際行動對這個想法發起了挑戰。一八五九年，他建議從祕魯海岸卡亞俄修一條到海拔一萬五千英尺高的內陸鐵路，如果成功了，這將是世界上海拔最高的鐵路。

安地斯山脈險情四伏，其海拔高度已使修築工作十分困難，再加上嚴酷的環境，冰河與潛在的火山活動，使修建工作更是困難重重；只經過一小段距離，山脈就從海平面一下子上升到一萬英尺的高度。在這個險峻的山脈中，要把鐵路修到海拔高處，需要建造許多「之」字形路線和橋梁，開鑿許多隧道。然而，馬林諾斯基和他的團隊成功了。整個工程有大約一百座隧道和橋梁，其中的一些隧道和橋梁是建築工程上的典範之作，很難想像在如此起伏巨大的山地中竟然能靠那些較為原始的工具完成這個工程。

今天，鐵路仍然在那兒，它是修建者以一當十的證明。無論修建過程中發生了什麼，馬林諾斯基和他的團隊從來都沒有放棄過。馬林諾斯基和他的團隊堅持世界上沒有不可能的事，他們之所以成功不僅因為他們發揚了以一當十的拼搏精神，堅持不懈的去努力，還在於他們以十當一的團隊精神為成功提供了強有力的保障。

對企業的一個部門而言，一個個人才就像一顆顆晶瑩圓潤的珍珠，基層管理者不但要把最大最好的珍珠買回來，而且要有「一條線」能夠把這一顆顆零散的珍珠串起來，共同串成一條精美的項鍊。如果沒有這條線，珍珠再大、再多還是一盤散沙，它們起的作用不過是以一當十的匹夫之勇。那麼，這條線是什麼呢？就是能把眾多珍珠凝聚在一起，步調一致，為了共同目標而努力的團隊精神。

提高團隊的執行能力

美國前總統甘迺迪曾說：「前進的最佳方式是與別人一道前進」。經由合作消除組織分歧、達成共識，建立一種互信的組織運行模式。在一個團隊中，如果出現能者多勞不多得，就會使成員之間產生不公平感，在這種情況下也很難展開合作。所以，要想有效的推動合作，團隊必須制定一個被團隊成員普遍認可的合作規範，採取公平的管理原則。

有的基層管理者會發現下屬中總是有那麼一些人，儘管工作態度很認真，能吃苦，聽指揮，但工作總是不如別人好，有些力不從心。其中有些人常常變得精神頹廢，沒有幹勁，自暴自棄，見人不敢抬頭。對於這些人，如果放棄不管，無論是對事業還是對他們個人，都是極大的損失。一般的基層管理者往往只垂青於那些才華橫溢、有突出成就的人，經常表揚他們，提拔他們，而很少注意那些能力低、成績差的人。這樣的基層管理者實際上還是不懂得怎樣激勵人、培養人。因為在一個組織裡，才華出眾的畢竟只是少數，而才能平庸和低下的則是多數。如果扔下這些人不管，整個員工和管理團隊的素養就提升不上去，工作也不可能真正做好。那麼，怎樣幫助那些能力低的員工呢？

幫助員工消除自卑感。人一自卑，即使有能力也很難發揮出來。其實，除了少數能力極強的員工以外，其餘一般人的能力相差並不懸殊。如果能使他們增強信心，消除壓抑能力的自卑感，他們甚至可以取得與高素養員工一樣的成果。這和體育比賽差不多，如果見對方占了優勢，便心慌氣餒，勢必打不出水準，越比越輸；如果能增強信心，重整旗鼓，發揮全部力量努力，則不但可以扭轉頹勢，而且可以壓倒對方，轉敗為勝。所以基層管理者要親近這種人，和他們交談，列舉他們的優點和成績，證明他們並不比別人能力差多少，也一樣可以做得很好，使他消除自卑意識，從而激起他們的上進心和自信心。

適時加強指導。對這部分人，需要基層管理者多花一點精力。分配工作給別人，交代清楚就可以了；分配工作給這些人，要更明確、具體一些，不僅交代任務，而且要指導途徑、方法。在其完成任務的過程中，基層管理者要加強指導，幫助他們克服困難，排除障礙，使之不斷豐富經驗，滿懷信心的發揮自己的才幹。但需要指出的是，基層管理者不能親自一步一步的教他們一輩子，必須設法提高他們自身能力。也就是說對能力低的人幫助，最好的辦法不是餵養他們，而是要想辦法讓他們學會多動腦筋自己飛起來。

不要傷他們的自尊心。人們都愛面子，認為有傷臉面和無臉抬頭見人是最大的恥辱。所以，絕大部分人都寧願身受苦，不願臉受熱，特別是那些能力低、有自卑感的人，自尊心更強。因此，基層管理者不要損傷他們的自尊心。譬如，在分配工作時，不但要考慮如何使他們完成任務，而且要採取能使他臉上有光的獎勵辦法。需要檢討時，也不要傷害人家的感情和人格，把人羞辱得無地自容，那樣容易使他產生敵對心理，或從此自暴自棄自暴自棄。

正如美國成人教育專家戴爾・卡耐基所說：「我們常常無情的剝掉了別人的面子。傷害了別人的自尊心，抹煞了別人的感情，卻又自以為是。我們在他人面前喝斥或下屬，找差錯，挑毛病，甚至進行粗暴的威脅，卻很少去考慮人家的自尊心。其實，只要冷靜的思考一兩分鐘，說一兩句體諒的話，對別人的態度寬大一些，就可以減少對別人的傷害。事情的結果也就大不一樣了。」

人事調配。使大家步調一致，同心協力的把工作做好。當然，人事調配並不是簡單的事。由於每個人都重視自己的意見和觀點，相互排斥的現象時時都會發生。人際關係如果無法密切配合，公司的政策就很難貫徹了。這點，在人事調配的時候，應該首先列入考慮的要素中，萬一彼此有了摩擦，也才會互相容忍，相互協調。

拿破崙曾經說過這樣一句話：「獅子率領的兔子軍遠比兔子率領的獅子軍作戰能力強。」這句話一方面說明了主帥的重要性；另一方面還說明這樣一個道理：「智慧和能力相同或相近的人不能擠在一起。」基層管理者用人不光要考慮其才能，更要注意人員的編組和配合。比如，一個部門有三個優秀員工，此時，最好的安排是：一個富有決斷力，一個具有協調的本事，另一個擅長行政事務，在這種人力資源狀況下可組成一個有頭腦、善協調、有生氣的團隊。如果三個人都擅長決斷，當意見相左時，勢必各行其是，誰也不聽誰的；如果三個人都具有行政能力，遇事就難有人出來決定，而陷於瑣碎事物中；如果三個人都只有協調能力，既無人決策，也沒人做實務工作，那也就辦不成事情。

讓員工團結，是對基層管理者的一個基本要求。有些管理者安排人事時總要故意樹立對立，其出發點是怕員工組織形成鐵板一塊，從而失去控制，這種「組閣」辦法造成決策機構內耗和員工之間的同床異夢。這種「權術」萬萬不可用於組織，部門需要團結一致，同心同德。團結就是力量。如果一個部門出現「多頭馬車」而無所適從的情形，就應立即施行「手術」，以減少內耗。當然，人員調配並不是一件容易的事，由於每個人都重視自己的意見和觀點，相互排斥和對立的現象時有發生，而解決對立讓部門高效率運轉的最有效辦法，就是在事前進行合理調配，別讓同一類人全部集中在一起。

讓他們先做出成績。找一些相對比較容易的工作給他，完成得好，做出了成績，哪怕是小小的成績，立即表揚鼓勵，讓他們從自己的成功中，看到希望，增強信心。凡是做過父母的人，都有這樣的體會，孩子初學走路時，是那樣的笨拙可笑，搖搖晃晃，剛邁一小步就摔倒，可是父母卻為他邁出的那一小步而欣喜異常，讚不絕口的說：「太好了，走得太好了！」他們還蹲下來，張開雙臂哄著孩子：「快來，寶貝，再試試！」在他們一次次的喝彩和鼓勵下，孩子終於學會了自己走路。對待能力低的下屬，也要採取這樣的辦法，隨著其能力不斷提高，要求也要隨之提高。這樣過不了多久，人才就培養出來了。

為員工創造重整旗鼓的環境。有的人因為前一個時期沒有做好，周圍的人對他難免有些看法，而且難以迅速扭轉。有的人是因為工作有礙於他發揮專長，久久做不出成績。對於這樣的員工，可以考慮給他調換一下工作，把他放到一個新的環境和工作職位上，便於他重整旗鼓。事實證明，這也是一個有效的辦法。

適當的給他們點壓力。在有些情況下，對下屬給點壓力是必要的、有益的。田徑運動員在激烈競爭的壓力下很可能比平時發揮得更好，演員面對觀眾進行演出，往往也比在排練大廳裡表演得更出色。對於能力低的人，基層管理者給他特殊關懷是必要的，但也不能因此而嬌慣他們，讓他們過於輕鬆。特別是當他們的能力有了一定提高之後，要時常給點壓力，或是用語言點一下，或是用別人的事例激一下，或是在工作上適當增量，使他把壓力轉化為內在動力，這樣比單純保護提高得要快。

讓員工通力合作

在基層管理工作中，面對難以預見的大量問題，錯綜複雜的各種關係，已不是某個超級英雄僅憑一己之力就能勝任的了。據統計，在所有諾貝爾獲獎項目中，因合作而取得成功的占三分之二以上。在諾貝爾獎設立的頭二十五年中，因合作而獲獎的占百分之四十一，而現在則上升到百分之八十。

在一般的企業中，一項工作的完成也需要員工之間的合作。

一家電冰箱廠，工人鐘青平、許輝廣、魯子奇和戰偉偉正圍繞在剛生產出來的冰箱周圍，來回查找原因，為什麼冰箱指示燈顯示運轉正常而冰箱卻不製冷？這種冰箱是公司新開發的環保節能型冰箱，鐘青平是生產線上的組裝工人，許輝廣是負責生產過程排查和操作的生產工程師，魯子奇是公司負責研發的主管，戰偉偉是產品開發工程師，雖然四人在公司的角色和職責都不一樣，但是，自這種環保節能型冰箱投入試產以來，他們四人就在一起工作了。在面對問題時，四人並不氣餒，他們沒有相互埋怨，而是對每一個環節進行仔細分析，查找問題原因，尋找解決方案。最後，不但解決了這個問題，而且順利的完成了公司新產品的試生產任務。在進入市場後一炮走紅，取得巨大成功。在這次團隊合作配合中，他們清楚的意識到如不是因為這次新產品的任務，他們四人是很難聚在一起進行工作的，他們也都充分認知各自的工作特點和能力長短

要達成團隊工作目標，必須要打破傳統分工的限制，緊密的以這次新產品任務為中心展開工作，使這個小小的團隊高效的運轉，最終完成團隊的工作目標。鐘青平、許輝廣、魯子奇和戰偉偉之所以能夠順利完成團隊任務，是通力合作的結果，其中任何一個人都是沒有辦法單獨完成這項工作的。

部門整體運作所取得的工作成效通常大於單一個人取得的工作成效，因而才會產生「沒有最好的個人，只有最好的團隊」的說法。可見只要團隊內部人員做到協同作戰，密切配合，就一定會產生出一加一大於二的良好效果。小成功靠個人，大成功靠團隊；天下沒有完美的個人，只有完美的團隊。正如古人所說：「一個籬笆三個樁，一個好漢三個幫。」只有利用

放大鏡原理將每個成員的核心優勢如光線般聚集到一點，才能形成一股強大的力量。

福特汽車公司前總裁唐納德在《A Better Idea: Redefining the Way Americans Work》一書中寫道：「我在福特汽車公司所獲得的寶貴經驗之一就是——我深信，團隊合作能使美國所有公司和組織的業績表現大大改善。」對美國公司如此，對其他國家的企業就會例外嗎？有這樣一個故事：

從前，有兩個飢餓的人得到了一位長者的恩賜：一根魚竿和一簍鮮活碩大的魚。其中，一個人要了一簍魚，另一個人要了一根魚竿，於是他們分道揚鑣了。得到魚的人原地就用乾柴搭起篝火煮起了魚，他狼吞虎嚥，還沒有品出鮮魚的肉香，轉瞬間，連魚帶湯就被他吃了個精光，不久，他便餓死在空空的魚簍旁。另一個人則提著魚竿繼續忍飢挨餓，一步步艱難的向海邊走去，可當他看到不遠處那片蔚藍色的海洋時，他渾身的最後一點力氣也用完了，他也只能眼巴巴的帶著無盡的遺憾撒手人間。

又有兩個飢餓的人，他們同樣得到了長者恩賜的一根魚竿和一簍魚。只是他們並沒有各奔東西，而是商定共同去找尋大海。他倆每次只煮一條魚，他們經過遙遠的跋涉，來到了海邊，從此，兩人開始了捕魚為生的日子。幾年後，他們蓋起了房子，有了各自的家庭、子女，有了自己建造的漁船，過上了幸福安康的生活。

部門工作就和這幾個人一樣，只有合作才能夠生存，才能求發展。團隊不是隨便一群人的簡單組合。管理大師德魯克曾說過：「組織（團隊）的目的，在於促使平凡的人，可以作出不平凡的事。」團隊概念強調整體的利益和目標，強調組織的凝聚力。團隊中的每一個人圍繞著共同的目標發揮最大潛能，而管理者的任務主要是為員工創造積極、高效的工作環境，並幫助他們獲得成功。

相信你也聽說過這個故事：「從前有座山，山上有座廟，廟裡有個老和尚，老和尚對小和尚說：『一個和尚挑水喝，兩個和尚抬水喝，三個和尚沒水喝。』」時代在前進，人的思維在進步，我們有沒有想過這個老故事為什麼會這樣發展呢？我們可以試著做如下的分析：為什麼「一個和尚挑水喝」？因為一個和尚挑水，水的所有權、支配權、使用權，都非常清晰。一個和尚的積極性、主動性是毫無疑問的，不挑水自己就沒有水喝。既吃不了虧，沒有收益的外溢，也占不了任何便宜，無任何便車可搭。

為什麼「兩個和尚抬水喝」？當兩個和尚在一起時，如果有一個和尚挑水，另一個和尚就會「搭便車」，挑水者就沒有積極性了。如果兩人輪流挑，就有先挑後挑的問題。好在問題簡單，只要兩個人好好商量一下，即「交易成本」低，很快就可以達成一起抬水的協定。兩個和尚抬水吃，水由兩人共同佔有、支配。但兩人必須平均使用，否則就會發生糾紛。

為什麼「三個和尚沒水吃」？因為三個和尚在一起，就產生了「搭便車」、成本和收益外部化問題。如果一個人先去挑水，就有兩個人坐享其成「搭便車」，而挑水者收益外溢；如果有兩個人去抬水，就有一個人坐享其成「搭便車」，而兩個抬水者收益外溢；如果三個人進行排列組合，每兩個人交叉搭配輪流抬水，那麼總有一個人先坐享其成「搭便車」。三個人誰都不願意讓別人而都想自己先坐享其成「搭便車」。推來推去、爭來爭去，都不願意挑水或抬水，於是就都沒有水喝了。

部門的管理同樣如此，每一個部門又是由很多不同的人組成。企業在追求效益的同時，如果不注重企業的團隊和部門的團隊建設，就會出現「三個和尚」的問題，企業就很難做大做強。企業要想走得更長更遠，就要發揮團隊的作用，精誠合作。

凝聚下屬的心

基層管理者，作為部門的「頭頭」，處理好各方面的人際關係自然是非常重要的。可是，有些基層管理者把大量時間和精力花在討好主管上，不重視、甚至極少關心員工。這種做法是極為有害的。真正決定你成敗的已不再是某個上司，而是你的屬下。

基層管理者有必要重做一番「感情投資」。只有在你與下屬建立良好關係、在部門內部形成一種和諧的工作氣氛時，你的部門才可能獲得長足發展。別忘了，「家和」方可「萬事興」。

漢景帝有十三個兒子封了王，其中有個叫劉發的，被封到長沙國，稱為長沙定王。長沙離首都長安很遠，當時還是個非常偏僻貧窮的地方，加上那裡又低窪潮濕，別人都不願意去。因為劉發的母親本來只是個宮女，地位很低，所以就讓劉發去了。劉發見兄弟們都封了好地方，只有自己一個人倒楣，心裡很不是滋味，但皇帝的命令又不能違抗，所以只好忍著，等待機會。

機會終於來了。漢景帝後元二年（西元前一四二年），諸侯王都到京城朝見景帝，景帝讓他們一個一個上前祝壽，並且必須要唱歌跳舞。其他諸侯王都做得輕鬆自如，像模像樣。輪到劉發時，只見他手臂縮在袖子裡，好像伸不直似的，給人一種笨手笨腳的感覺，跳的舞也顯得怪模怪樣，惹得旁邊人捂著嘴偷偷發笑。漢景帝一見覺得奇怪，心想這孩子怎麼會笨成這個樣子，就問他：「你這是怎麼了？」劉發忙回答：「孩兒的封地太小，土地狹窄，手腳都放不開，所以只好這樣跳。要不手腳一伸開，就到人家的封地上了，故孩兒不敢隨便跳舞」。景帝從劉發的一番談話中意識到他先前待遇的不公平，決定重新撥三個郡地，以補償劉發。而後來，在諸位王子中，劉發由於感激皇恩浩蕩，對景帝一直都誓死效忠。

由此可見，體會下屬的心聲，有助於事業的成功，同時也能起到收服下屬之心的效果。

可是，有些基層管理者卻對此不屑一顧。有的認為與下屬交心是懦弱的表現，他們認為：作為基層管理者應該有馳騁於「疆場」縱橫殺「敵」、一往無前的戰將風範，或者有以口舌雄辯於「疆場」，將各個敵手斬落於馬下，而捧著勝利品凱旋的儒將氣度。這當然是一個理想的管理者形象。但是，管理者在前線如此驍勇，沒有下屬在後方為他築起的堅固「後防」行嗎？當年的「西楚霸王」如何，其英勇有誰能抵，他不也是縱橫無敵、城必攻、敵必克嗎？到頭來，烏江自刎，又是為什麼？你不能說他不勇敢，也不能說他武藝不精。毛病就出在他所信奉的「以力征經營天下」的信條上，他沒能籠絡住下屬的心，得不到下屬的忠心擁戴。結果身首異處，為後世惜。鑒於古事，基層管理者作何感慨？

有的基層管理者也許以為與下屬交心屬小事，不值得他去費多少心思。謬也！基層管理者與下屬的關係，密切關係著部門與員工的關係。很難想像，一個對上司存在厭惡情緒的員工會為部門的存在和發展披肝瀝膽。可以說，員工對於部門的前途有著至關重要的作用。要想部門取得好成績，就必須讓員工信任上司；上司要贏得下屬的信任，就必須學會體會下屬的用心。

面對下屬，你如何去跟他們相處？既保持關係融洽，工作又能順暢進行呢？你的腦海必須時刻存在著「公平」兩個字。

在部門裡，你的員工之間發生摩擦，告狀告到你跟前，請將兩人分開接見，避免兩人當面爭吵，使事件更形白熱化。單獨接見時，請對方平心靜氣將事情始末敘述一遍，但不要加任何批評，只著重淡化事件。一旦分出了黑白，你最好心中有數，不要公開指出誰是誰非，以免進一步影響兩人的感情和形象。告訴兩人，你已經曉得事件的真相，你如今最注意的是，今後兩人必須為了公司的利益精誠合作。

如果事情純屬私事，但是兩人在公事上採取不合作態度，對公司會造成不良影響，所以你不能袖手旁觀。分別會見兩人，對他們說：「我不曉得也不打算知曉你們之間的恩怨，但我的工作態度是，要所有員工通力合作，不容有誤，希望你們清楚這點。」下屬分成了新舊兩派，時有齟齬，這情況直接影響到你公司事業的發展。大家心存芥蒂恐怕只會費時誤事，又傷和氣，工作做不好，這必然影響公司的發展。

如何才能圓滿解決問題？其實雙方面均有一定的責任。為解決這一矛盾，作為上司不妨當眾讚賞舊同事們經驗老到，亦對新人的衝勁十足表示欣賞。還有，多製造大家一起消遣、娛樂的機會，促進雙方的了解，藉以拉近距離，消除隔閡。

知人知面不知心，可見，想完全了解別人的心思是何等困難。作為基層管理者，你不可能一下子把員工的全部心思都了解透徹，這需要一個過程，一個在不斷解決矛盾中逐漸累積認識的過程。有的基層管理者一見員工出了差錯，就著急，就發火，接著便把員工徹頭徹尾的狠訓一頓。這樣，你消除了一腔怒氣，但對於員工而言，無疑會加上一副格外沉重的枷鎖。這種處理方法不能解決問題，甚至可能帶來更嚴重的後果。

遇到這種事，脾氣暴躁的基層管理者要格外小心，切莫一時發脾氣而壞了大事。首先要做的是詳細調查研究，看看員工出現如此失誤究竟是何原因。這樣，你才能做到「有的放矢」，不致於盲目蠻幹。如果員工的確是出於一片好心，他為了部門著想，只是不小心才把事情弄糟了，沒能達到預期的效果，出現了操作失誤，這時，員工心裡一定是很委曲的，同時，他也一定在責備自己，他隨時準備著接受你的批評。如果這時你不調查不核實，粗暴的訓他一頓。那麼，即使他心中承認自己有失誤，也會對你的這種做法大為不滿，從而產生牴觸和叛逆心理。他會認為你是「把好心當成了驢肝肺」，在以後的工作中他不再會為部門而「自找苦吃」了。更重要的是，這種做法不僅嚴重傷害了當事員工的積極性，而且會影響到周遭的員工，使周遭員工的積極性也受到不同程度的損傷。久而久之，整個部門員工的上進心、積極性都消失了，你這個部門也就到了該解體的時候了。

遇到這種情況，你應該心平氣和的與員工談話，逐漸消除他的緊張心理和嚴重的自責情緒。同時，你也應當明確的肯定他這種為部門著想的工作態度。你要讓他明白，你這個上司是充滿人情味的，絕不是一個「六親不認」的無情無意的「冷血人」。你可以輕鬆的告訴他：「假如我是你，我也會這麼做的。」

基層管理者與員工的心理位置可以交換一下，把你為他設身處地著想的意圖明確的告訴他。這樣，受此激勵，員工也會自然而然的為你著想，他會想：「假如我是上司，我會如何如何。」這樣，就會平衡員工的心理。使員工在不受到外力壓迫的情況下，在以後的工作中會更有效的督促自己努力，為公司發展作出更大的貢獻。另一個好處就是激勵了其他員工的積極性。經由這件事，其他員工會明確的接收到一個信息：「只要為部門著想，終會受到基層管理者的賞識。」於是，員工的積極性和創造精神被空前的激發出來，個個為了部門發展，人人為了把部門好。萬眾一心，何事不成？

慎用手中的權力

基層管理者與下屬除工作職能外，在法律和人格面前是平等的，沒有誰高於誰的問題。因此，下屬不僅有權決定自己的社會命運，而且有資格和必要提出自己的意見建議，並為自己的認知和見解爭取一個公平評價的地方，這是最基本的權力，任何人都無權壓制，而且應積極保護和支持。所以，基層管理者與下屬的衝突發生後，隨意制裁或處理下屬、唯自己意志是準的做法，雖可以暫時壓服對方，抑制衝突，卻無法從根本上協調上下之間的關係並解決衝突；同時，這也不只是認知和做法問題，而是涉及基本態度和基層管理者的素養問題。

日本有個管理學家指出：「即使不存在職務上的問題，若是存在個人感情的差距，仍不能喚起成員完成集體目標的積極性，難以保持集體的團結。因此，基層管理者必須照顧每個人的感情。」作為一名基層管理者，如果只會用手中的權力命令下屬做這做那，那是不明智的，是愚蠢的。其結果是，你的下屬只會服從你，卻不會喜歡你，你的工作永遠是被動型的，終有一天，你的下屬可能會採取某種手段和措施敷衍了事。關懷他們，或者說，用你的人格魅力，讓你的下屬喜歡你，心甘情願的為你工作，不失為一種投資少、見效豐的基層管理者藝術。而這種「藝術」不論對哪一層級的基層管理者，都是有效益的。感情上的和諧是引導和控制組織成員和下屬的思想及行為的重要環節。只有具有尊重下屬的人格，才能獲得下屬的喜愛和合作。

美國陸軍名將道格拉斯·麥克阿瑟是一位很會動用人格魅力的軍事基層管理者人。一九四一年十一月，美國一位叫路易斯·布里爾頓的中將去菲律賓出任麥克阿瑟的航空隊司令，他回憶說，他剛到旅館就被邀請到麥克阿瑟的房間，受到麥克阿瑟將軍非常熱情的接待。麥克阿瑟拍著他的背，把手臂放到他的肩上說：「路易斯，我候駕已久。我知道你就要來，我真是太高興見到你了。我、喬治・馬歇爾和哈普・阿諾德一直在談論著你……」這次會面給路易斯留下了極深刻的良好印象。

麥克阿瑟不僅將感情傾注於他周圍的人，還傾注於最普通的士兵。第二次世界大戰中，他寫信給每個陣亡士兵的家屬。信中總是寫一些個人之間的事情。許多家庭回信告訴麥克阿瑟將軍說，接到他的個人信件後，對於自己喪子的痛苦感到好多了。美國一位政治學博士評價麥克阿瑟說：「從來沒有一位指揮官能付出如此之少卻獲得了如此之多。正是名副其實的卓越基層管理者才華，使麥克阿瑟以有限的人力、物力作出了如此了不起的成就。」

馬歇爾也是一位非常善於關心部下的人。他的一位參謀說：「馬歇爾將軍對所有在他手下服務的人都有天生的人情味。不論他們的職位多低，他總是不厭其煩的、隨時隨的去向他們表示他的真誠、尊敬、體貼、關心和友愛。」威利斯・克里頓伯格中將是一九四四年駐義大利第五集團軍的一個軍長，馬歇爾巡察歐洲戰場時曾去探望他。馬歇爾回到美國後，親自打電話給在聖安東尼奧的克里頓伯格的夫人說：「我打電話是想告訴你，我在義大利見到你的丈夫了，他身體健康，生活愉快。」他給他所見到的所有高級指揮官夫人都打了電話。對下級軍官和士兵他也是如此。

一個在二戰中參加過「巴丹死亡行軍」的老戰士回憶說：「我只見過馬歇爾將軍一次，

那是我在日本俘虜營裡度過漫長的監獄生活回到美國後，他派他的私人座機到舊金山來，把我送到那些令人激動的地方，與我的直系親屬相聚。這件事後，我到五角大樓向將軍報到，感謝他的照顧。馬歇爾將軍放下一切事情，推遲了很重要的約會，讓我不要拘束，用了很長的時間詢問我的情況，充滿了人情味。」美國陸軍部長史汀生將軍評論馬歇爾說：「無論駐紮在什麼地方的美國軍官，甚至那些在前線贏得了成功的軍官，都像忠於自己的領袖一樣忠於他，仿佛他們在五角大樓裡一樣。」

基層管理者如何獲得人格的魅力？只有一個關鍵，那就是對別人要有出自內心的興趣。社會上有許許多多的人，明顯缺乏的便是這種對人的興趣。其原因，不外是他們在應酬人際關係的人生舞台上既不具備天生的人格魅力，又不去努力。沒有人能強迫我們對別人發生興趣，可是我們自己應當建立起對別人的興趣。這種事情其實並不難做，只要我們多加用心，明白我們應該怎麼做，不該怎麼做，用心的與別人周旋，就能發揮我們健全人格的威力，成為具有魅力的，得人善意好感的贏家。

大度對待冒犯自己的員工

一頭大象在森林裡漫步，無意中踏壞了老鼠的家。大象很慚愧的向老鼠道歉，可是，老鼠卻對此耿耿於懷，不肯原諒大象。一天，老鼠看見大象躺在地上睡覺，心想到：「機會來了，我要報復大象，至少，這個龐然大物，我可以咬牠一口。」但是，大象的皮特別厚，老鼠根本咬不動。這時，老鼠圍著大象轉了幾圈，發現大象的鼻子是個進攻點。老鼠鑽進大象的鼻子裡，狠狠的咬了一口大象的鼻腔黏膜。大象感覺鼻子裡一陣刺激，牠猛烈的打了一個噴嚏，將老鼠射出好遠，老鼠被摔個半死。老鼠忍著渾身的傷痛，對前來探望牠的同類們說：「要記住我的慘痛教訓，做人要有氣量！」

作為一個優秀的基層管理者，不僅要有愛才之心、用才之膽，還要有容才的氣量。容才的氣量如何，直接關係到聚才的多寡與優劣。有了容才的氣量，就能將工作中急需的富有開拓精神的人才選拔出來。在工作中，有才能的人往往善於獨立思考，個性較強，愛提意見，有時可能不注重方式，作為基層管理者就要胸襟開闊，氣量如海善納百川，聽得了不同意見，這樣就會人才濟濟，言路暢通，事業發展。

禰衡是東漢末年第一流的人才。當時曹操和禰衡兩人較勁的起因其實很簡單。曹操請禰衡，實際想讓他做個「軍務祕書長」，動機是好的。但請人家來卻不請人家坐，就傷害了禰衡。接著禰衡就挖苦曹操手下無能人，並自誇才能。曹操大權在握，就要禰衡給他擊鼓，以此羞辱禰衡，禰衡也不拒絕。擊鼓應當換新衣，按規定儀式進行，可禰衡卻穿破衣爛衫。儘管這樣，禰衡到底是出了名的才子，他擊了一曲，讓在座的人都感動得直掉淚。曹操手下人則堅持要禰衡換衣，禰衡卻乾脆裸體擊鼓，以此辱罵曹操是國賊。此時，堂下一片喊殺聲，但曹操卻異常的冷靜，他不但容忍了禰衡的無禮，反而給禰衡派了一個差使，讓他去勸說荊州劉表前來投降，並派他手下重要謀士給禰衡送行。

這一系列的事情曹操都做得相當好。現在看來，曹操面對禰衡放肆的羞辱，為了顧全大局，把所有氣都咽下去了，也確實表現了宰相肚裡能撐船的雅量，很值得每一個基層管理者效仿。作為一名基層管理者，必須像曹操那樣做一個有涵養的人，要有寬廣的心胸，善於求同存異，虛心聽取不同的意見和建議，不要總是對一些雞毛蒜皮的小事斤斤計較，更不要對一些陳年舊帳念念不忘。古語說：「宰相肚裡能撐船。」對於基層管理者來說，恐怕肚子裡要能跑開火車才行。

為了部門的利益，基層管理者有時的確需要委屈一下自己，設身處地了解對方的心理和觀念，以「君子之心」度「小人之腹」。也許有時候，下屬當著眾人頂撞了你，或故意侮辱了你，你該怎麼辦？是利用自己的權威，尋對方一個不是？還是另找個時間，約他到咖啡館聊聊天、談談心，彼此溝通溝通，化解一下矛盾呢？

在醫院的走廊裡，一位護士推著推車，不慎碰到了一位中年男子的腿。這位男子頓時大發雷霆：「我坐在這裡招誰惹誰了，你為什麼往我腿上撞？這裡放一排椅子不就是讓患者坐的嗎？」還沒等護士說什麼，中年男子的夫人也氣勢洶洶的質問：「這麼寬的走廊你為什麼往他腿上撞？」說著一把扯下了護士身上掛的證件，「找你們院長去！」女的一手緊抓著護士的證件，一手輕輕撫摸丈夫的腿：「撞壞了吧？」中年男子雙手抱膝做痛苦狀。被搶走證件的護士自知理虧，輕聲說：「對不起，我不是故意的，快看看撞壞了沒有？」中年男子既沒查驗傷口，也沒有原諒她的意思，夫人仍然拿著證件怒目而視。

面對中年男女的蠻橫和護士的窘境，一個戴眼鏡的圍觀者說：「你把她的名字記下，該怎麼處理就怎麼處理。她沒有證件怎麼工作？」眼鏡這麼一說引來了那個女人更大的不滿：「把證件還給她？撞人就白撞了？你是做什麼的？用不著你多管閒事，神經病！」夫人一口氣噴出了三個問號、一個驚嘆號，戴眼鏡的人討了個沒趣轉身走了，護士也尷尬的走開了。此時中年男子捲起褲管，膝蓋處安然無恙。如果這事發生在另一個人身上，護士說聲「對不起」，那人說句「沒事」，該有多好。這對中年夫婦對一件本無大礙的事為什麼如此不依不饒呢？

有些人就是這樣，無理爭三分，得理不讓人。相反，有些人真理在握，不吭不響，得理也讓三分，顯得綽約柔順，君子風度。前者，往往是生活中的不安定因素，後者則具有一種天然的向心力，一個活得嘰嘰喳喳，一個活得自然瀟灑。有理，沒理，饒人不饒人，一般都在是非場上、論辯之中。假如是重大的或重要的是非問題，自然應當不失原則的論個青紅皂白，甚至為追求真理而獻身也值得。但日常生活中，也包括工作中，往往為一些非原則問題，雞毛蒜皮的問題爭得不亦樂乎，非得說上些什麼，誰也不肯甘拜下風，說著論著就認真起來，以至於非得一決勝負才算甘休，結果嚴重的大打出手，或者鬧個不歡而散，雞飛狗跳影響團結。

如果下屬也如上面故事中的中年夫婦那樣一句話使你臉面無光，自尊心大受損傷，你就立即怒不可遏，豈不更丟你堂堂上司的面子？何況「以德報怨」與「以怨報怨」所收到的效果是截然不同的。過度的宣洩方法只能使你得到一時快意，但後果你又想過多少呢？如果你認為自己是對方的上司，沒有必要彎下腰來，屈尊與下屬溝通感情，或根本看不起對方，不屑於與對方談談心，那麼，你就是一個失職的基層管理者，或者說是一個失敗的基層管理者。因為這樣的話，對方也不會真心實意為部門工作，別忘了，畢竟你的宗旨是讓員工為部門出力。

另外，在對方火冒三丈時，你也不妨暫時進行「冷卻」處理，這也是容人的一種方法。有許多古訓，如「得饒人處且饒人」、「嚴於律己，寬以待人」等，都是指站在他人的立場，設身處地為他人著想。現在，儘管社會變遷，時代不同了，這些至理名言仍然有其應有的價值。

積極應對難纏的員工

每個基層管理者都會遇到難纏的員工，但不可能把他們每個人都推出去。你必須面對他們，學會與他們交往，處理好與不同性格的人的關係，這樣，工作和管理起來才會更加得心應手。

對喜歡嘮叨的員工，不要輕易表態。最常見的人無論大事小事都喜歡向基層管理者請示、匯報，嘮嘮叨叨，說話抓不住主題。這種員工往往心態不穩定，遇事慌成一團，大事小事統統請示，還嘮嘮叨叨，講究特別多。跟這樣的人交往，交代工作任務時要說得一清二楚，然後就叫他自己去處理，給他相應的權力，同時也施加一定的壓力，試著改變他的依賴心理。在他嘮叨時，不要輕易表態，這樣會讓他感覺到他的嘮叨既得不到支持也得不到反對，久而久之，他也就不會再嘮叨了。

對喜歡爭強好勝的員工，要盡量給予滿足。有的人喜歡爭強好勝，他總覺得比你還強，好像你們倆應該顛倒過來才對。這種人狂傲自負，自我表現欲望極高，還經常會輕視你甚至嘲諷你。遇到這樣的人，不必動怒。自以為是的人到處都有，你遇見了，很正常。也不能故意壓制他，越壓制他越會覺得你能力不如他，是在以權欺人。認真分析他這種態度的原因，如果是自己的不足，可以坦率的承認並採取措施糾正，不給他留下嘲諷你的理由和輕視你的藉口；如果他因為覺得懷才不遇才這樣的話，你不妨為他創造條件，給他一個發揮才能的機會，重任在肩，他就不會再傲慢了，也讓他體會到做成功一件事情的艱辛。

對以自我為中心的員工要公平。有的人總是以自我為中心，不顧全大局，經常會向你提出一些不合理的要求，什麼事情都先為自己考慮。有這樣的人在手下，你就要盡量的把事情辦得公平，把計畫中每個人的責任與利益都向大家說清楚，讓他知道他該做什麼，做了這些能得到什麼，就不會再提出其他要求了。同時要滿足其需求中合理的部分，讓他知道，他應該得到的都已經給了他。而對他的不合理要求，要講清不能滿足的原因，同時對他曉之以理，暗示他不要貪小利而失大義。還可以在條件允許的情況下，做到仁至義盡，讓他覺得你已經很夠意思了。

對自尊心強的人多理解。有的人自尊心特強，極敏感，多慮，這樣的人特別在乎別人對他的評價，尤其是基層管理者的評價。有時候哪怕是基層管理者的一句玩笑，都會讓他覺得基層管理者對他不滿意了，因而會導致焦慮，憂心忡忡，情緒低落。遇到這樣的人，要多給予理解，不要埋怨他小心眼，多幫助他。在幫助的過程中，多做事，少講自己的意見，意見多了會讓他覺得你不信任他，給他一些自主權，讓他覺得自己可以，經常給予鼓勵。要尊重敏感的人的自尊心，講話要謹慎一點，不要當眾指責、批評他，因為這樣的人心理承受能力差。同時也要注意不要當他的面說別人的毛病，這樣他會懷疑你是不是也在背後挑他的毛病。要對他的才幹和長處表示欣賞，逐漸弱化他的防禦心理。

對喜歡非議主管的員工要剛柔相濟。幾乎所有的企業都有一種人，喜歡挑基層管理者的毛病，議論基層管理者的是非。這種人常對你的一些無關緊要的小問題渲染傳播，留意你的一些細節，而有的還像是很忠誠的為你著想。和這樣的人相處，首先要檢查一下自己本身是不是有毛病。可以多徵求他的意見，讓他覺得你是真誠對他的，那他就不好意思再渲染你的一些生活細節問題。對於不易感化的人，也不要一味忍讓，可以抓住適當的機會反擊一下，讓他有自知之明，收斂一些。

對拿他毫無辦法的下屬盡量利用。令基層管理者最感頭痛的莫過於那些工作散漫、態度惡劣，但卻拿他毫無辦法的下屬了。通常，這類下屬若非與高層關係甚密，便是在外擁有靠山，使得基層管理者輕易不敢得罪於他。正因這類下屬有其利用價值，與其與他們做正面抗衡，不如採取寬容態度，設法利用他們。利用對方的最好辦法就是先主動的討好他們，使他們對你無計可施，然後從他們身上挖盡好處。

日本著名的製片家和田勉先生曾就上司如何應付不好應付的員工提出一項建議，他幽默的表示：「對於令人討厭、不好應付的員工，上司不妨運用討好的方式，反過來利用他。一旦你施展此種手段，則無論何種類型的員工，往往均不致過分為難於你，甚至可能視你為知己。換句話說，對方此時已毫無抵抗力可言。」事實上，基層管理者可以運用這種戰術在那些難以應付的下屬身上，這樣在管理工作上將會順暢得多，並可達到利用對方的目的。

對脾氣不好的員工要冷靜。特裡是一個好工人，但他有時會對同事，甚至對你大發脾氣，大喊大叫，雖然他很快就會平靜下來，但他的行為卻會影響整個部門的工作，大家總是要過一會才能恢復到正常的工作中來。你也許對特裡說過很多次了，但無濟於事。在一個大喊大叫的環境裡，人們很難正常工作，特別是當你是別人大喊大叫的對象時。因為一個人被罵了很長時間後，是不可能馬上全身心的投入工作的，這種情況通常會持續好幾個小時，我們不能容忍這種情形存在。因此，我們提供如下建議供大家參考：在發脾氣的人平靜下來以後，與其進行一番推心置腹的談話，指出你可以理解他，但是這種行為在工作時間是被禁止的。如果這個人又發起脾氣來，可以讓他離開房間，直到其平靜下來為止；讓他明白，如果再犯這樣的錯誤，就會受到處分。

積極關注愛抱怨的員工。你了解你的員工，其中一些人總是抱怨。他們對室內的溫度不滿，對分派給他們的工作不滿，甚至對你告訴他們的每件事都不滿。你一次又一次重複的聽著內容相同的抱怨。每家企業都會有這種人，他們以發洩不滿為樂。當然，他們有時抱怨得也很合理，因此你不能對所有的抱怨都一概不理。你必須要聽，當然也許這既費時間又讓人生厭。減少抱怨的一種辦法就是注意那些常抱怨的人。抱怨的原因通常是抱怨者有想成為人們注意的中心的願望，通過與他們交談，詢問他們的意見並對他們做得好的工作加以讚賞，你就會滿足他們要被人注意的願望，從而減少他們抱怨的理由。

學會授權

基層管理者的工作十分繁忙，可以說「兩眼一睜，忙到熄燈」，一年三百六十五天，整天忙得四腳朝天，恨不得將自己分成幾塊。而與此同時，部下員工的責任心卻越來越差，缺乏工作激情，整個企業工作效率日漸低下。企業主管們有沒有考慮過，當自己忙得不可開交的時候，恰恰是做了許多本該由下屬去做的事？專家提出，主管不是千里馬，而是千里馬的教練，應該給下屬發展的空間，讓其縱橫馳騁。

基層管理工作是千頭萬緒的，即使你有天大的本事，光靠自己一個人絕對不行，必須依靠各級各部門的集體智慧和團隊功能。這就要根據不同工作，授予下屬職權，使每個人都各司其職，各負其責，各行其權，各得其利，職責權利相結合。這就能使管理者擺脫事務，以更多時間和精力解決帶有大局觀的問題。所以與職務相應的權力不是管理者的恩賜，不是你願不願給的問題，而應是職務的孿生兄弟，職權相應是完成工作的必需條件。

基層管理者不可能親自做每一件事情，所以你必須學會委派。委派就是把部門的工作委託給員工，以便謀取下屬的支持並完成所在部門的任務。委派是最基本和最重要的員工管理技能。懂得委派，員工做主管的工作；不懂得委派，主管做員工的工作。雖然委派的時間、空間和對象會發生變化，但是有一條我們需要牢記：委派只是工具，而不是目的。

委派和工作分配並不是一回事。二者有兩點重要區別：委派是有明確目標的、時間封閉的契約行為。在任務完成的日期和階段成果上，上司和委派對象必須達成共識，達成一種協定。雖然這種協議一般是口頭上的，但是上級可以據此定期的檢查工作進展情況，以確保工作按時完成；委派的只是實際任務，而不是責任。在委派中，上級之所以要進行監督和控制，不僅僅是為了準時和效率起見，更重要的是因為委派對象正在做的工作的最終責任是由上級來承擔的。因此，成功完成這項工作的責任依然保留在部門經理的肩上。管理界常說，您可以委派工作，但是不能委派責任，就是這個道理。

基層管理者給予員工多大的權力，員工就會產生多大的動力。約翰·麥斯威爾在《領導力21法則：領導贏家》一書中寫道：「管理者給予員工多大的權力，員工就會產生多大的動力。」有經驗的管理者會認真的研究向員工授權的方式與授權的範圍。員工在得到授權後，也獲得了更加靈活的發揮自己創造力與才能的空間。但是，員工得到更多的授權並不等同於毫無約束的權力下放，不加區分的權力下放是一種效率低下、適得其反的授權。在授權之前，管理者要認真的思考與研究。有魄力的管理者不僅善於授權，還會鼓勵員工合理使用授權，給予員工必要的支持與幫助，促使他們實現自己的目標。一些管理者擔心項目會失敗，員工在工作中會偷懶，因此不願意向員工授權，極力壓制員工得到授權的渴望。

有的基層管理者認為：「要想教會一個人正確的做一件事情需要耗費太多的時間，還不如我自己一個人完成這件事呢。」從某種意義上來說，這句話自有它的道理。現在，人們的工作節奏越來越快，我們傾向於把目光集中在那些急需處理的事情上。如果我們想盡快完成某一項工作，最好自己親手去做。但是，作為管理者，我們不僅要對工作進度負責，更應該對員工的發展負責。有了有效的授權，員工的工作技能才能逐漸提高，才能營造出一種珍惜權力、善用權力的工作氣氛，並逐步提升團隊的戰鬥力。

我們為管理者提供六個有效授權的竅門：

一是尋找可以授權的任務。如果你發現有的任務與工作不能向員工授權，需要反問自己：「為什麼不能授權？」

二是要熟悉你要授權的員工的背景、技術水準、資格、文憑及工作能力。

三是授權後，當員工需要支援與說明時，你能夠及時出現，為員工解疑答問，提供必要的幫助（尤其在員工開始接受授權之時）。如果在授權後，需要員工獨立作出決定，你要讓授權的員工知道他擁有這種決策權。出現問題時，如果你不在場，安排其他人代替你幫助員工。

四是與授權的員工溝通時要傳達明確的資訊。我們如何傳達明白無誤的資訊呢？我們需要把不同的有效方式結合在一起，向員工傳達我們的建議與指示。在檢查員工是否理解管理者的指示與建議時，要善於積極耐心的傾聽。

五是要檢查授權員工的工作進度，或者制定工作進度檢查表，隨時監督工作的進程。

六是及時向員工回饋意見，在必要的時候糾正員工工作中的偏差，或者支援員工堅持不懈的完成工作。

管理者都知道授權的重要，但有的能好好授權，有的卻沒辦法，為什麼呢？一個關鍵的問題在於授權者的態度。比較正確的態度應當包括以下四個方面的內容：

第一，要看重員工的長處。任何人都有長處和短處，如果授權者能夠著眼於員工的長處，那麼他就可對員工放心大膽的予以任用。如果只看到員工的短處，那他就有可能由於擔心員工的工作而對其加倍操心。這樣，員工的工作勇氣就會降低。員工缺乏工作上的勇氣，其做事的成功率就不會很高，所從事的事業也不會有多大希望。所以，身為領導者，對於員工不妨先用七分的眼光去看長處，再用三分的眼光去看缺點，以強化自己對員工的信任感。

第二，不僅交付工作，而且要授予權力。管理者將部門的工作目標確定以後，需要交付員工去執行。既然如此，就有必要將其相應的權力同時授給員工。一般來說，將工作委託給員工，這一點不難辦到，因為這等於減少自己的麻煩；將權力授予員工，就不是那麼簡單，因為這意味著對自己手中現存權力的削弱。不過，凡明白的管理者都深知職、責、權的不可分離性，因而在授權方面辦的乾淨俐落。身為管理者，應該使自己成為一個明白人，把權力愉快的授予承擔相應工作的員工。當然，所授予的權力不是沒有邊際的。最重要的是兩權：即員工對有關問題包括人事任免可以作出決定的決定權；以及對有關的人可以發號施令，讓其做特定事情的發令權。這樣，員工會因此感到上司對自己的信任和期望，為了不辜負這種期望，就會一心一意的去拚命工作。

第三，不要交代瑣碎的事情，只要把工作目標講明白就可以了。否則，人的自主性不易發揮，責任感也會隨之減弱。作為一個管理者，對待員工最忌諱的就是嘮叨個不停，使人無所適從，不知怎麼辦才好。

第四，對員工不應放任自流，要給予適當的指導。身為一個管理者，絕不應該以為授予了權力就萬事大吉了。他應該懂得，儘管權力授予了員工，但責任仍在自己。如果只把權力授予出去，就可以對後果不負責任，那麼員工的能力就不可能得到充分的發揮。所以，作為一個管理者，將權力授予之後，還應該對員工進行必要的監督和指導。若是員工走偏了方向，就該著手幫其修正。如果員工遇到了難以克服的困難，就應該給予指導和幫助。只有這樣，員工的信心才會更加堅定。

第七章 協調好人際關係

基層管理者的人際關係是否平衡，對團隊組織能否形成凝聚力具有重要的作用。人際關係協調是提高組織凝聚力的基礎，因為工作人員只有彼此相互信任、相互諒解，才能夠提高團隊的凝聚力。

及時化解矛盾

基層管理者每天與員工相處共事，難免發生矛盾。可以分為兩種，一種是工作上的衝突，一種是人際關係上的衝突。作為基層管理者必須接受這樣的事實，任何時候只要將兩個或兩個以上的人放在一起就有產生衝突的可能。

武則天在位時，狄仁傑和婁師德同朝為相，二人是武則天的左右手，深得武則天的重用。可是二人素有矛盾，在武皇面前倒還和氣，一下了朝就彷佛仇家，常有衝突。武則天看在眼裡，急在心裡。的確，這個問題要是解決不好，自己的左右手打起架來，整個朝廷會因此亂了套。朝廷癱瘓了，還怎麼治理國家啊！

武則天心裡雖然急，可是並沒有讓自己一下子陷入二人的爭執之中，而是超脫物外，從不評論誰是誰非，暗自琢磨產生衝突的原因。後來武則天發現，問題的癥結在於狄仁傑太恃才傲物，根本看不起婁師德，總是想方設法的排斥他。婁師德雖多番忍讓，旁人都替他打抱不平，他自己心裡自然也通暢不了。

一天，武則天把狄仁傑找來，問他：「朕很重用你，任你為相，你知道是為什麼嗎？」狄仁傑不以為然的說：「我是以自己的能力和學識來晉取官爵的，不像有的人是依靠阿諛奉承而當官的！」武則天微微一笑，說：「可是朕原來也不了解你的德行和才識啊！你之所以官至宰相，是因為有人向我大力推薦你。」狄仁傑很奇怪，說道：「我從來沒聽說過這件事，不知道是在下的哪位好友如此看中臣，我一定要好好謝謝他，以報知遇之恩！」「當初是婁師德多次向朕鼎力推薦，說你學識淵博，才思敏捷，剛正不阿，堪擔大任，是個不可多得的人才，朕這才下定決心委你重任的，婁師德不愧是伯樂啊！」說完，武則天命令左右拿來大臣們奏摺的箱子，從裡面找出了十幾本婁師德推薦狄仁傑的奏摺給狄仁傑看。

狄仁傑一一仔細閱讀，不禁汗顏。他很後悔自己剛才恃才傲物而說的話，為自己以前對婁師德懷有成見感到非常內疚，一時不知如何是好。武則天從他的表情中，已看出他慚愧的心思，知道自己的目的達到了，不禁會心一笑。此後，狄仁傑見了人就常說：「沒想到婁師德不但不念舊隙，反而推薦我為官，從未對我透露過一點不滿，以前都是我太目中無人了！沒有他，我也不會這麼快就得到施展才能的機會，說起來他應該是我的恩人啊，沒有他這個伯樂，再好的馬也只是用來馱貨而已！」這些話傳到婁師德那裡，從前的委屈也都全沒了，氣也就自然通順了。從此兩人齊心協力，共同為朝廷出力，為一代聖朝立下了汗馬功勞。

基層管理者如何處理工作中的各種各樣的矛盾呢？協調當然是一種方法，因此，基層管理者如果能妥善處理這些矛盾，就會在員工中樹起威信，與員工建立起和諧融洽的關係。在化解與員工的矛盾時，基層管理者可以從以下幾方面入手：

首先，基層管理者要學會得饒人處且饒人。如果員工做錯了一些小事，不必斤斤計較。動輒責罵訓斥，只會把你們之間的關係弄僵。相反，要盡量寬待員工。對員工給予寬容，在得罪你的員工出現困難時，也要真誠的幫助他。特別注意的是要真誠，如果你覺得你是勉強的，就會覺得很不自在，如果員工的自尊心極強，還會把你的幫助看作是你的蔑視和你的施捨，而加以拒絕。人無完人，有什麼對不起你的地方，多擔待一點，宰相肚裡能撐船。

其次，基層管理者必須消除工作中的矛盾。基層管理者與員工對待某一問題出現意見分歧，這是很正常的事情。作為基層管理者，你需要克服自己這樣的心理：「我說了算，你們都應該以我說的為準。」其實，把大家的智慧集中起來，進行比較、彙整，你會找出更可行的方案。員工提出高招，你不能嫉妒他，更不能因為他高明就排斥他，拒絕他的高見。這樣，你嫉妒他超越了你，他埋怨懷才不遇，遭受壓制，雙方的矛盾就會變得尖銳。你有權，他有才，積怨過深，發生爭鬥可能會導致兩敗俱傷。

作為基層管理者，要能夠發現員工的才能，挖掘員工身上的潛能，戰勝自己的剛愎自用，對有能力的員工予以任用、提拔，肯定其成績和價值，才會化解矛盾。發現員工的潛能，並能委以重任，可以減少很多矛盾。員工經由你的提示會發現自己的潛能與不足，就會覺得自己得投明主，三生有幸，對工作環境、工作條件就不會那麼在乎，也就避免了很多與你發生衝突的可能。從另一角度講，基層管理者與員工能溝通，你發掘並啟用員工的潛能，員工從基層管理者那裡得到點撥，就會知道能做什麼，不能做什麼，應該得到什麼，不應該得到什麼。這樣就不會因得不到某些機會或某種獎勵而與你發生矛盾。

最後，基層管理者要認真負責，及時糾正錯誤。解決矛盾時，如果是你的責任，或者有必要時，要勇於承擔責任。誰都會失誤，一些事情的決策本身就具有風險性。工作中出現問題時，你和員工都在考慮責任問題，誰都不願意承擔責任，推給他人以圖自己清靜，豈不更好？

但作為基層管理者，無論如何都會有責任。決策失誤，自然是基層管理者的責任；執行不力，是因為制度不嚴或基層管理者用人失察；因外界原因造成失誤時，有分析不足的責任等等。把責任推給員工，出了事只知道責備員工，不檢討自己，就會與員工發生矛盾，也會冤枉員工。這些都會讓你失去威信，丟了民心。即使是員工的過失，做基層管理者的站出來承擔一些責任，比如指導不當等等，更顯出你的高風亮節，不至於在出了問題以後，上下關係都緊張以至出現矛盾。你這一站出來就會把很多矛盾消弭於無形。

另外，基層管理者要掌握一些必要的處理錯誤技巧。發現自己的錯誤時，要允許員工發洩。如果因為基層管理者工作有失誤，員工會覺得不公平、壓抑，有時會發洩出來，甚至是直接面對基層管理者訴說不滿，指斥過錯。遇到這種情況，基層管理者不能以怒制怒，雙方劍拔弩張，這樣不利於問題的解決，只會使問題更加激化。

日本的一些企業在這方面做得就比較明智，他們在企業中設立一個類似於發洩室的屋子，屋子裡面設企業各級管理者的大頭照或模型，讓員工在對他們不滿時去對大頭照或模型臭罵一通，發洩心中的怒火，然後回去繼續努力工作。這僅是一種間接的發洩方法，不利於解決問題。因此，在遇到員工直接找你發洩他對你的不滿時，應該理解他對你是信任的，寄予希望的。沒有信任，害怕說了會被你的整治，他就不會說了，沒有寄予希望，他也不會來找你。因此，基層管理者在接待發洩不滿的員工時，要耐心的聽員工的訴說，如果經過發洩後能令其心裡感到舒服，能更愉快的投入到工作中去，聽聽又何妨？同時這也是一個了解員工的很好的機會，可不能一怒而失良機。

再者，基層管理者要坦蕩大度，遊刃有餘。矛盾的發生的原因在員工，不能一味忍讓。責任在員工，在適當給予寬容時，也要予以指出，否則他會渾然不覺，以後還會出現類似的錯誤。責任在員工，在進行有效的處理後，對於一些不知深淺的員工，也不能一味忍讓。寬容並不是愚蠢，退讓不等於軟弱，在適當的時機，予以反擊，以阻止員工無休止的糾纏。

解決與員工之間的矛盾時，要學會指出員工錯誤的方法。提出批評，指出錯誤，要為員工保留面子，並且能不因此招惹怨恨，還要讓員工覺得改正錯誤不難。如果你要指出員工的錯誤，提出批評，那不妨先讚美員工的一些優點，正如美容師幫顧客刮鬍子要先抹上肥皂水。這種方法就像做手術一樣，先施行麻醉，患者雖然要遭受刀割針縫之苦，但麻醉劑卻抑制了疼痛。人們都不喜歡接受別人直截了當的批評，那你不妨先提自己的錯誤，這更能讓員工產生共鳴，更容易接受。

對待員工的失誤，指出錯誤，進行批評，加以處理，一定要冷靜，要給員工留個面子。有的基層管理者脾氣一上來，不分場合，當著眾人把員工批評一通，不顧全員工的臉面，這樣，就為自己樹立了一個對立面，甚至結下怨仇。給員工留個面子，別把關係弄僵。這樣的辦法能夠把不得不一觸即發的矛盾消弭於無形，值得我們借鑒。化干戈為玉帛，在基層管理的工作中將會產生重大的影響。

處理好與員工的衝突

不知你發現沒有，大型水庫在汛期到來之前都要開閘放水沖沙，如不及時開閘放水，就會導致潰壩或泥沙堆積使水庫水面上升。企業管理也是如此，基層管理者與員工的衝突可能源於員工的某種不滿和怨氣，心裡累積怨氣太多，必然會發洩出來。因此，當員工有怨氣要發洩時，就要採取一定的方式讓他發洩。即使員工在發洩的過程中有過激的言辭，也要讓他發洩完，然後再選擇適當的時機與合理的方式與之溝通，說明他分清是非對錯。同時也要反思自己的工作方式有哪些不足，與員工誠懇交談。

基層管理者與員工的矛盾或衝突一般來說不是突然產生的，往往有一個由潛在到外顯、由小到大的生成過程。任何矛盾的產生都與特定的時空條件、事件性質有密切的關係。因此，基層管理者要放棄簡單處理衝突的強硬方式，而必須及時、周密的掌握各方面情況，找出衝突的根源，根據實際情境、人員、事件，採取靈活方法及時處理衝突。

具體做法是：基層管理者首先要把衝突控制在萌芽狀態。在任何一個組織的經營活動中，皆大歡喜是不存在的，衝突與不滿時常都會發生。基層管理者必須運用他的權威和影響力及時並合理的處理這種衝突，消除員工的不滿。組織內部發生衝突不一定是壞事，它使組織的一些潛在矛盾暴露出來。但是，衝突對正常的工作秩序造成不同程度的危害，對組織目標的實現造成負面影響。當人們普遍對所關心的問題有較偏激的反應時，就會形成一種從眾心理，其突出特點就是情緒色彩濃厚，相互傳染快。這些情緒色彩顯現在外，就是對基層管理者產生較強烈的對立情緒，特別是當一部分人的要求得不到滿足時，這一特點就更加明顯。基層管理者如不及時加以疏導，這種對立情緒就會惡化並引發衝突。

對此，基層管理者可採取以下步驟進行疏導和處理：及時溝通資訊，在矛盾氣球爆破之前先放氣。矛盾不斷激化的一個重要原因，是員工不滿意的地方太多，若壓著不能講，問題長期得不到解決，就像壓力鍋一樣，持續高溫又沒有出氣的地方，到一定程度非爆炸不可；

衝突發生後，要迅速控制事態。在情況不明、是非不清而又矛盾即將激化的時刻，先暫時冷卻，避免事態進一步擴大，然後透過細緻的工作和有效的策略適時予以解決；及時阻隔資訊，避免流言的影響。尤其是作為管理團隊，更要避免因流言而瓦解基層合作的不良結果。作為主要基層管理者，應掌握各方面的想法情緒，做到該暢則暢，該阻則阻，從而達到化解矛盾、消除不利因素、求同存異之目的。

其次，管理者要有度量化解矛盾。宰相肚裡能撐船。基層管理者凡事讓三分，可為自己今後的工作做好鋪墊。在採取了以上三個步驟控制住事態以後，基層管理者就要分析對立和衝突產生的原因、作用、後果以及如何轉化，為進一步的思考處理做好準備。

下面的建議在消除對立狀況時可參考使用：員工對自己是否有惡意，很多時候，員工對自己並沒有惡意，而自己卻以為別人故意跟自己作對；自己沒有誤會員工嗎？看一個人的時候，常會因所看到的某一部分現象而產生誤解。如果是這樣的話，重新調整自己的視角，問題就好解決了；是不是完全不了解員工而自己妄加揣測呢？如果是這樣，就要努力去了解對方，與對方溝通，這樣可以避免不良衝突，或在衝突剛發生時就透過雙方的溝通予以消除；產生對立的原因何在？事出必有因，如果能找出具體原因，就能對症下藥，消除對立。

員工的真意在哪裡呢？是個性使然，還是一時的興起？努力從對方的表情、態度、說話的語氣來了解其本意；真的不對立不行嗎？如果是會影響組織利益或規章制度不允許的重要事情的話，就必須斷然予以否定。但是，如果為了微不足道的小事而立，那是多麼愚蠢。互相對立對彼此有什麼好處？如果能不只考慮到私人利益，而以更廣泛的立場來思考的話就好了。不良的人際關係不只損害到自己，基層管理者也要為衝突而造成員工不愉快而負責任。

最後，基層管理者要對員工動之以情，曉之以理。不良衝突往往伴隨著情緒上的對立，如果一個人和基層管理者有意見衝突，對基層管理者無好感，基層管理者就是搬出最嚴格的邏輯也無法使他同意，因為情緒已遮蔽了他的理智。一個人一旦有了自己明確的見解，他是很難被迫改變自己意見的。但如果基層管理者首先動之以情，縮短感情的距離，誠懇謙虛的誘導對方，就可以使他們改變主意。

另外，基層管理者要冷靜思考，善後解決。在組織內部，除員工或同事之間對於解決問題的意見不同，或自我意識太強，都有可能引發爭執。若團隊久經磨合，大家坦誠相見，則爭執有利於鼓勵不同意見。但在很多情境下，事實往往不能如願，爭執常常會發展為爭吵或衝突。如果發生這種情況，請從以下問題入手，思考解決問題的辦法：

事態為什麼會變成這樣？找出產生對立的原因；

為什麼自己要那麼堅持？試想這是不是值得鑽牛角尖的小事呢？

員工為何要如此堅持？是為了名還是利呢？努力找出原因；自己的主張真的正確嗎？

員工如此堅持自己的意見，是不是因為自己的主張有缺陷呢？還是自己堅持錯誤呢？有必要固執己見嗎？如果能退讓一步對雙方不是都很好嗎？

自己的表達方式是不是有問題？

即使自己的意見是正確的，但如果表達方式有了問題，就會傷了員工的自尊心或讓員工很沒有面子，所以要改進自己的溝通方式；即使說不過別人，也絕不表示你就輸了。若拚命反對對方的觀點，不過是白白浪費時間而已；把員工當成敵人後，結果會如何呢？無時無刻討厭著對方。但想想看，這又能給雙方帶來什麼好處呢？要怎麼做才能平息爭吵呢？可以試著改變說話方式，承認對方的立場也有好的一面，並且將這個想法傳達給對方；想辦法給員工一個台階下，或者自己找一個台階下，若雙方都明白對方想退一步的話，往往會產生好結果。

杜絕彼此扯後腿的現象

對於同事的缺點如果平日不當面指出，一與外人接觸時，就對同事品頭論足、挑毛病，甚至惡意攻擊，影響同事的外在形象，長久下去，對自身形象也不利。同事之間由於工作關係而走在一起，就要有團隊意識，以大局為重，形成利益共同體。特別是在與外人接觸時，要形成「團隊形象」的觀念，不要彼此破壞，不要為自身小利而害團體大利。

一家中日合資企業，日方的管理人員與中方管理人員向來不和，經常發生爭執，有一次差點導致了員工罷工！其實並不是為了什麼大事情，僅僅是因為下班鈴響了，日方管理者認為再加班十分鐘，事情就能全部做完了，不明白為什麼今天能做完的事一定要拖到明天。而中方員工卻非要下班不可，這樣一來不但惹怒了日方員工，中國員工也急了。

其實這只是一點點小事，問題在於這種矛盾由來已久，長期沒有解決，十分鐘只不過是個導火線。假如雙方基層管理者都能洞察這種矛盾，經常的溝通，妥善的處理，也不會演化到要罷工的地步，真的罷了工，損失的還是企業。

日方的人際關係相對比較好掌握，合則合，不合則不合，即使不合，也只是私下的恩怨，不會帶到工作中去。但是一旦出現人際關係衝突的問題，往往也容易忽視，從而導致不良的後果。中方的人際關係比較複雜，性格多含蓄，有的真合，有的真不合，有的面合心不合，有的心合面不合，這些人際關係在工作中有時扮演了決定性的作用。好在基層管理者在處理這個問題時，一是善於發現衝突；二是常置身事外，站得比一般人更高一些，然後再以

「和」為手段，解決衝突，化干戈為玉帛，創造了一個和諧的環境，使得企業能夠正常高效的運轉。

各商業銀行的競爭手段雖未「花樣翻新」，但其慘烈程度卻到了「無以復加」的地步。高額的活動經費、薪資、獎金甚至職務都與個人存款業績直接相關，為了拉到更多的存款，甚至連同一部門的信貸人員都不惜相互扯後腿。某銀行信貸部主任周鷹偉滿臉無奈的表示，整個儲蓄存款的「蛋糕」就那麼大，大家都想多「切」一點，「不拚命才怪」。

周鷹偉的同事眼看就要與一家石化企業簽下一份金額為兩億元的企業存款，但在節骨眼上，這家企業卻變了卦，原來有另一家銀行給了他們更高的利率。「我們花了很大力氣培植的客戶，在簽約的時候，被人家一下就搶過去了，搶到手之後再給以高利率，這簡直是惡性競爭。」周鷹偉氣憤的說。為了搶奪，有些商業銀行不惜在一些條件上放得很寬，一是給存款人高利息；二是相信「重賞之下必有勇夫」，對自己的員工不論「資歷」，只要拉到大額存款一律給予重獎與提拔。

同事之間有競爭、有摩擦，這是不可避免的。但作為一個基層管理者，應當懂得如何把這種磨擦降到最低限度，應當學會如何把這種相互扯後腿的現象處理好，這就需要以誠相待。

你可曾遇到這樣的情形：來到新的工作職位上，你感到戰戰兢兢，可是，卻有一些資深的同事，對你並不搭理，在很多事情上，故意跟你作對甚至破壞，讓你覺得無所適從。可是，他們是你的同事，你必須跟他們好好合作。

某位先生剛剛調入某單位一個月，一個月來由於他處處小心做事，每每笑臉相迎，所以同事們對他的態度也頗為友善，竟不曾遇到他所擔心的任何麻煩。一次他和一位同事談得很投機，便將一個月來看到的不順眼，不服氣的人和事通通向這位同事傾訴而後快，甚至還批評了一兩個同事的不是之處，藉以發洩心中的悶氣。不料由於對這位同事了解甚少，這位同事竟不出幾日便將這些「惡言」轉達給其他同事，立刻令這位先生狼狽之極，也孤立之極，幾乎沒了立足之地、這時這位先生才如夢初醒，悔不該一時激動沒管好自己的嘴巴，忘記了「來說是非者，必是是非人」這樣一個淺顯的道理。

與同事相處應該坦誠相待，當他需要你的意見時，你不要給他戴高帽，發出無意義的稱讚；當他遇到任何工作上的疑難時，你要盡心盡力予以援手，而不是冷眼旁觀，甚至破壞，當他無意中冒犯了你，又忘記跟你說聲對不起時，你要抱著「大人不記小人過」的心情，真心真意原諒他，日後他有求於你時，要毫不猶豫的幫助他。

庫巴在美國中部一個大製造公司做了四年的人事主管，他有一個不錯的心理學學位。他自稱適度自信，性格外向，對自己的生活道路大致上是樂觀的，工作順利，婚姻幸福。然而他卻常常陷入一種莫名的不快中。

他承認：「我總覺得自己失去了什麼。我在工作中並不很受歡迎，因為我對同事們從沒有真正的親密感，有的只是相互攻擊相互破壞。或許在內心深處我不相信任何人。即便跟妻子瓊在一起，我大多數時候也是小心謹慎。當有人直截了當的問有關我自己的問題，我通常閃爍其詞。作為人事主管，我需要人們的支援和信任。但我感覺他們有點躲著我。或許他們是在回報平日裡我對他們的攻擊吧。」庫巴的想法沒有錯，恰恰是因為他不善於控制自己的情緒，造成與同事失和，讓人覺得他不誠信，同事們才躲著他。

再來看一個例子。艾麗是一個辦公室的管理人員，具有豐富的工作經驗，為其公司中許多成員承擔著廣泛的責任。她和丈夫離婚了，與十多歲的兒子和女兒住在一起。她的煩惱是：「我總是無法克制經常向別人發脾氣，雖然事後常常後悔，但又總也控制不了自己的惡劣情緒。我們辦公室的職員流動相當快，所以對大多數的人很難有真正的了解，而我週期性的與人發生口角。

我試圖強硬些，也試圖親切愉快的，可什麼都不管用。如果我粗暴強硬，他們就怨恨不滿並予以回擊。而如果我態度可親，他們又覺得我軟弱可欺，想趁機利用我。我在家裡的問題也無法解決。我的孩子們都怨我把時間和精力放在工作上，這使我感到我令他們失望了。

但更令我自己失望的是，我即便付出這麼多的代價，卻仍然得不到同事們的理解和擁戴。我曾失落之極，認真考慮過辭職。可是我在個人生活上已感覺失敗，如果現在辭職，那麼我在職業上也失敗了。」

錯在哪裡呢？庫巴與艾麗顯然都是成功的職業人員，他們的工作涉及到管理其他同事並又離不開他們的支持和擁護，他們要麼有不錯的學位和職位（像庫巴），要麼有長期的工作經驗（像艾麗），可顯然他們卻都不覺得對工作駕輕就熟。而他們的共同癥結就在於不能信任同事，同事之間無法正常的合作，結果既傷害了自己，又得罪了他人。

嚴禁諷刺挖苦的行為

部門是企業基層的細胞組織，是員工工作和生活的群體，協調好成員間的人際關係非常重要。在部門內，良好和諧的人際關係，不僅是開展各項工作的基礎，而且在工作遇到困難時，能使員工齊心協力、積極主動去努力完成任務，有效減少工作推諉現象的發生。不好的人際關係，必然會使部門內部不團結，員工士氣低下，束縛和壓抑員工的積極性和創造性。因此，作為基層管理者要努力營造好部門內部的和諧環境。

今年三十九歲的崔廣盛最近一段時間，不知道為什麼總是看著十一歲的兒子甜甜不順眼。無論孩子有什麼進步，他也是瞧不起的表情。其實，甜甜在他們班的男生中成績還真不錯，品行也好，心地特別好，總是能熱情幫助人。

那天晚上九點多了，甜甜還沒有下學回家，媽媽急的四處找也沒有找到，他在家也坐不住了，走遍了同學家也沒有發現。他急得頭都痛了，回來的路上，在家門口的一個花園裡，妻子發現了甜甜躺在水泥長凳上，疲倦的睡著了。妻子哭著叫醒甜甜，拉他回家，甜甜非常不情願的回家。

第二天，他上學後沒精打采，老師感到他有些反常，就單獨與甜甜談了起來，真是不談不知道，一談嚇一跳。原來，問題的根源還是出在崔廣盛身上，是他總是「數落」甜甜，諷刺挖苦甜甜，造成甜甜對家有了反感，對崔廣盛更反感，不想回家了。甜甜說，他的爸爸對他除了諷刺，就是挖苦。一次，甜甜準備參加一個比賽，崔廣盛說就你只知道玩，得不了名，當陪榜的還差不多。有時同學打電話問作業，其中也有女同學經常打電話問作業，或者討論一些班上的事情和目標，崔廣盛只要看到甜甜和女同學通電話，如臨大敵一般。嚴厲「數落」甜甜不學好，這麼小就與女同學有來往，太早戀愛……

一次，崔廣盛下班早，在路上看到甜甜與女同學一起走，就直衝上去，把他強行拉走，同時還當著女同學的面「數落」他是不要臉的東西。期中考試他的數學得了八十六分，崔廣盛看著分數，諷刺挖苦他了好長時間。其實甜甜的成績是班裡最高的。老師聽了甜甜的話，非常疑惑不解，就建議崔廣盛看心理醫生。

諷刺挖苦人，其實就是在摧殘人，就是自高自大，沒有修養的表現，也是心理不健康的表現。如果不注意改正，就會破壞團結，甚至造成嚴重的心理傷害，導致嚴重後果發生。換位思考一下，如果你被人長期的諷刺挖苦，得不到肯定與鼓勵，你的心情如何呢？一定受不了。想想你諷刺挖苦別人的過程吧，別人的心情會好受嗎？

一九三〇年，爆發了一場舉世空前的軍閥大混戰。以李宗仁、馮玉祥、閻錫山為首的地方軍閥調動了幾乎全國的反蔣力量，對蔣中正發起了進攻。當時，反蔣力量存師近百萬，與之相比，蔣的力量則顯得極為薄弱。然而，到最後竟是勢單力薄的蔣中正獲得了勝利。

實力雄厚的反蔣力量何以遭到如此慘敗呢？主要原因是：各路軍閥雖糾集在一起，形成一個反蔣隊伍，但實際上不過是一個極為鬆散的軍事集合體。他們各存異心，系中有系，派中有派，往往互相掣肘，難以協調作戰。

李宗仁起兵兩廣，揮師北上。馮玉祥猛攻隴海，閻錫山向津浦進軍。本來計劃馮部騎兵與李部在兩湖相會，但由於互相猜疑未能實現。而與此同時，閻錫山斷絕了對馮玉祥所率領的西北軍的軍火糧餉供應，致使本來進攻順利的馮部不得不暫時停止進攻，放棄了有利戰機。當閻部在津浦線受蔣軍攻擊時，他便又想起了馮玉祥。他急派人向馮部運送糧彈，並請求馮部加緊攻擊，以解津浦之圍。但是，馮玉祥未忘前怨，以為閻錫山是「臨時抱佛腳」的勢利小人，故拒絕配合。另一方面，馮部勝利之時，馮玉祥又放棄了與李部會師的計畫。就這樣，由於三方面的不合作，致使蔣中正獲取了戰機，終於以少勝多，擊敗了三系的七十萬雄兵，結束了這場歷時七個多月的軍閥大混戰。

苛刻的語言可以使受傷害者心理壓力增大，精神緊張，甚至會出現心理障礙。諷刺挖苦不利於團結，造成人與人之間的矛盾加劇，甚至會生成仇恨，引發暴力事件。長此下去，沒有節制，諷刺挖苦的言語會更加苛刻，人也會變本加厲起來，容易偏激，造成自己心理異常，甚至導致精神疾病。喜歡諷刺挖苦的人，本身很難意識到自己的言語不當，往往在慣性的作用下，會逐漸加重，所以要及時控制。

蘭利被認為是美國惠勒製造公司中最出色的基層管理者。他管理者過的部門是該公司中效率最高的單位。而且，在他任職期間，這個部門沒有發生過員工不滿的問題。而其他的部門似乎總是不斷的出現員工不滿的糾紛。

據唐的員工和上司反映，唐是一個關心業務，公平、誠懇、真摯並且體貼部屬的主任，不少人還認為他是一個關心別人的看法、目標及未來計畫的人。他名揚整個公司。許多別的部門的人都願意到他手下來工作，而他的員工們卻為有這樣一位主任而感到自豪。唐既是他們的管理者，又是他們的知心朋友。他們提出申請，要求惠勒管理部門不要把「他們的唐」調走。唐本人沒有說什麼，但他對升遷似乎不太感興趣，因為他喜歡在基層工作。唐調任三個月以後，開始出現一些問題。他原來部門的生產率下降，並發生了十五起員工抱怨糾紛，還有三名員工辭職。唐自己似乎也想辭職了，因為他對幕僚工作一點也不滿意，他感到他的管理者才能不能充分的得以施展。

基層管理者要引導部門成員養成相互尊重、相互團結、互敬互讓、以禮相待的習慣，形成互相關心、互幫互學、自我檢討的風氣。基層管理者要留心、細心的處理好自己與成員、成員與成員之間的關係。

卡耐基對林肯的一生研究了十年，而且花了整整三年的時間，寫作和潤飾了一本名叫《人性的光輝》的書。他相信他已經盡了人類的一切可能，對林肯的個性和家居生活，做了詳細和透徹的研究。對林肯跟別人的相處之道，卡耐基更做過特別的研究。他是否喜歡批評別人？是的。當他年輕的時候，在印第安那州的鴿溪谷，他不只是批評，還寫信作詩挖苦別人，把那些信件丟在一定會被別人發現的路上。其中有一封信所引起的反感，持續了一輩子。林肯在伊州春田市執行律師業務的時候，甚至投書給報社，公開攻擊他的對手。

一八四二年秋天，他取笑了一位自負而好鬥的名叫詹姆斯‧史爾茲的愛爾蘭人。林肯在春田時報刊出一封未署名的信，譏諷了他一番，令鎮上的人都捧腹大笑。史爾茲是個敏感而驕傲的人，氣得怒火中燒。他查出寫那封信的人是誰，跳上馬去找林肯，跟他提出決鬥。林肯不想跟他鬥，他反對決鬥，但是為了臉面又不得不接受決鬥。對方給他選擇武器的自由，因為他的雙臂很長，他就選擇騎兵的長劍，並跟一名西點軍校的畢業生學習舞劍。決鬥的那一天，他和史爾茲在密西西比河的一個沙灘碰頭，準備決鬥至死為止。但是，在最後一分鐘，他們的助手阻止了這場決鬥。

這是林肯一生中最恐怖的私人事件。在做人的藝術方面，他學到了無價的一課。他從此再沒有寫過一封侮辱人的信件，他不再取笑任何人了。從那時候起，他幾乎沒有為任何事批評過任何人。

大家每天一起工作，有些事難免磕磕碰碰，基層管理者要善於及時協調，解開癥結，並且做到心胸開闊，態度謙虛，尤其是辦事要公道，要「一碗水」端平，有話明說，工作透明，切忌搞「小團體」，遮掩做事。要建立民主管理制度。關係成員利益的事不能一人說了算，對部門的重大事情要透過民主的制度、民主的方式解決。先進與後進員工之間、能力強弱員工之間，地位是平等的，不能有歧視現象。基層管理者要多關心後進者和弱者，尤其是當他們遇到困難和挫折時，更要主動靠上去，幫助他們克服困難和挫折，這樣更有利於協調人際關係，從而提高部門的凝聚力和戰鬥力。

提高組織協調能力

作為一名基層管理者，做好人際關係的協調工作，善於化解各種矛盾，清除管理者行為中的各種人際交往障礙，保證組織管理者工作順暢通達，是管理者職責中的一項重要內容，也是對管理者基本能力和素養最起碼的要求。

在一次生產會議中，一位基層管理者以一種非常尖銳的口氣，質問一位員工，這位員工是管理生產過程的。這位基層管理者的語調充滿攻擊的味道，而且明顯的就是要指出那位員工在工作方式上的不當。為了不願被羞辱，這位員工的回答含混不清。這一來更使得基層管理者發起火來，他嚴斥這位員工，並說他說謊。之前所有的工作成績，都毀於這一刻。這位員工本來是位很好的員工，從那一刻起，他對公司來說已經沒有用了。幾個月後，他離開了公司，為另一家競爭的公司工作。他在那兒非常稱職。

組織協調能力主要包括在進行管理工作中的計劃布置、組織分工、人際溝通協調等活動的能力。基層管理者在處理日常性、例行性的大量事務時，不僅需要具有這種能力，而且要充分發揮這種能力。至於在執行重大的、緊急的、非日常性的工作任務時，就更不可缺乏這種能力。大量實際經驗表明，即使是在相關成員都很積極的情況下，如果基層管理者的組織協調工作沒做好，整個工作必然會呈現出紊亂、低效率的局面。相反，基層管理者的組織協調工作做得準確、到位，就可以產生黏合、凝聚作用，就可以在同心協力、井然有序的和諧節奏中把工作做得有聲有色。而不具備組織協調能力的基層管理者，要想做出業績是很困難的。

那麼應如何解決呢？作為一個管理者他首先要熟悉人、了解人，才能掌握人、管理人。所以他必須弄明白有關人行為的一切問題，這是他協調群體行為的基礎。至於如何協調群體行為，實現目標管理，其關鍵是：一要緊緊抓住目標，二是善於協調人群關係。目標可以使群體關係具有向心力，群體行為是否協調又對目標的完成有決定性的作用。

作為一名優秀的基層管理者，在組織協調能力方面應該做到具有方法且理性，而不是隨意的單純靠經驗。就是說，基層管理者要做到正確的分解工作目標，制定出切實可行的周密的工作計畫，並嚴格按照特質要求，及時完成；合理、妥善的進行組織分工，落實各項具體任務，使員工適才適所，各盡其職、其力，認真負責，充分激發他們的工作積極性和創造性；把自己管轄範圍內的人力、物力、財力統籌安排、實施合理有效的組合，使之發揮出最大效能；準確及時的進行資訊溝通，消除群體內外的摩擦和「內耗」，達到團結共事、協同動作之目的。

不同基層管理者在組織協調能力方面的差異是顯而易見的，只有在工作實務中努力學習和培養，才能逐步提高。例如：專門生產某種零件的工廠，如果最後不能配套，那麼這些零件只是一堆廢鐵。合作之所以必要，還因為團結一致力量大。團體內部有多種力，把這些力往同方向組織起來，就會形成更強大的合力；如果不合作，方向不一致，力量就會互相衝突，互相抵消。

組織協調能力的提高，最基本的途徑，就是理論與實務相結合，是多門學科知識在基層管理者工作中綜合運用的結果。基層管理者要提高這種能力，必須擴充自己的知識，絕不能只局限於精通有限的知識。管理科學的豐富知識和技能，是提高基層管理者組織協調能力的源泉和基礎。因為專才只能做好分內業務工作，只有通才才能既熟悉業務又善於管理和協調。在人類科學研究史上著名的「曼哈頓工程」選定由二流科學家成功的管理世界一流科學家團隊的故事也可以充分說明這一點。

一九四二年，美國開始組織研製原子彈的「曼哈頓工程」，工程基層管理者的選任是個令人頭疼的問題。參加該工程的科學家和工程技術人員共十五萬餘人，其中有世界第一流的人才，諾貝爾獎獲得者物理學家愛因斯坦、康普頓、費米等。這些人都是專才，不適宜擔任管理者工作，經過反覆考慮，美國總統羅斯福選中了歐本海默為這項工程的基層管理者。與愛因斯坦等著名科學家相比，歐本海默不算是頂尖，羅斯福為什麼要選擇他呢？原因在於他不僅是科學家，而且知識面廣、有組織管理能力，善於協調科學家們共同工作。事實證明，羅斯福的選擇是英明的。

除了要具有廣博的管理知識以外，管理工作經驗的累積也是不可忽視的，這是提高基層管理者組織協調能力的又一條重要途徑。理論來自於實際經驗，又反過來指導實務，現代管理科學的理論就是由無數的管理經驗不斷的概括、總結，使之系統化、理論化而逐步形成的。因此基層管理者應該不斷的總結自己的管理經驗，並注重學習吸收各方面的成功做法，這樣日積月累，便可以使自己的組織協調能力逐步完善和提高。

向員工傳達自己的想法

在組織中，基層管理者作為統籌規劃者，其想法和建議能不能傳達對工作的成敗具有重大的意義。管理者應當採取公開的、私下的、集體的、個別的等多種方式向員工傳達你的想法。

基層管理者向員工傳達自己的想法，要將問題具體分析，針對不同類型的員工採用不同的方法。在日常工作過程中，當你下達給員工一個目標任務時，經常會出現四種不同的狀態和結果。其一，滿懷熱情的承諾目標任務，但卻未必能完成任務；其二，對下達的目標信心不高，但並非不能完成任務；其三，對下達的目標任務信心不足，但卻有實力完成任務；其四，滿懷熱情承諾目標任務，同時也能夠完成工作。

實際上對於一項目標任務的達成，除了一個合理的目標定位外，還取決於員工本身的能力和意願。即有沒有能力和願不願意。而這能力和意願在很大程度上取決於所處員工的四種不同的工作階段和不同的工作狀態。管理者在向員工傳達自己的想法時，對這四種狀態的員工要區別對待，不能混淆不清。

對於剛開始工作的員工，他們基本上意願極高而能力較差。對於這類願意做但做不好的員工在對其傳達自己的想法時，管理者應多採用命令型管理者風格。設定員工的角色；提供明確的職責和目標；協助員工發現問題；明確指導並產生行動計畫；明確告知所期望的工作標準；及時跟蹤回饋；可使用一些單項溝通來解決問題和控制決策，如規定其定時向自己做深度工作匯報。這種高指揮、低支援的管理者方法既對員工工作能力的提高有所幫助，同時又要適當約束員工的行為和衝動的頭腦，更好的幫助、監督員工完成任務。

對於工作了半年左右的員工，由於最初願景和現實比較的落差，他們基本上處於意願下降，而能力經過一段時間的鍛鍊有所提升的狀態。對於這類沒信心而並非做不好的員工，管理者應多採用教練型管理者風格。設定員工的目標；確認員工的問題；說明決策的理由並徵求員工的建議，傾聽員工的感受，以促發創意；多讚美、肯定員工的成績，指導員工完成任務。在傳達自己想法的過程中徵求其對完成任務的意見，可以為組織輸入新鮮的血液，促進組織質的發展。這種高指揮、高支援的管理者方法既對員工工作能力的提高有所幫助，同時又可以提高員工的自信心，使有能力的員工發揮才智。

對於工作一年左右的員工，他們對工作具有一定的能力但情緒上波動較大。對於這類有能力卻不願意做的員工，管理者應採用支持型管理者風格，巧妙的讓員工理解自己的想法。讓員工主動參與確認問題與設定目標；注意多問少說，傾聽和激勵並用，促使員工主動解決問題和完成任務，並承諾與員工共擔責任；必要時管理者還應適當的提供資源、意見和保證；要與員工共同參與決策的制度，分享決策權。這種少指揮、多支援的管理者方法既可給員工提供單獨完成任務的機會，又可大大提高員工的工作意願，使之心甘情願的完成任務。

對於一些資歷老、能力強的核心成員。對於這類能做好也願意做的員工管理者應採用授權式的管理者風格。多與員工共商辦公室問題，共定目標；讓員工自行制定行動計畫，自己決策；鼓勵員工接受高難度挑戰；就員工的貢獻予以肯定和獎勵，提供成就他人的機會；定期的檢查和追蹤績效。這種少指揮、少支持的管理者方法給員工充分的自主權限，分擔了管理者肩上的擔子。但授權不等於放權，盡可能的暗中觀察，及時檢測，使其基本按照預期路線完成任務，以免因自大妄為的心理因素最終誤了大事。

這些因地制宜、因材施教的管理方法可以在現實管理過程中，最大範圍的滿足員工能力和意願兩方面的需求。更重要的一點是，該過程中及時傳達管理者的想法這一步驟，確保了組織工作前進的方向，有利於增強組織的凝聚力，使大家為了共同的目標而努力奮鬥，不斷創造輝煌。

此外，基層管理者和員工之間的關係是一種平等關係。這種平等既表現為兩者在真理面前的平等上，又表現在人格上的平等。管理者在傳達自己的想法時要與員工商討，誰的意見正確，誰的辦法好，然後照誰的辦法去做。特別是當員工提出反對或難聽的意見時，也要讓他把話說完，然後加以分析，對方正確時要及時修正自己的意見；即使員工的意見不正確，也要耐心的聽下去，然後給以必要的解釋、說明和幫助。最後切記，管理者不能讓自己今天的指導給明天的管理者帶來種種麻煩。管理者要根據員工的能力和意願，向員工傳達自己的想法，取得良好的效果後，再分配工作。

怎樣管理「難管」的員工

基層管理者對人要寬容。無數事實證明，寬以待人的管理者能在統籌工作中運籌帷幄，遊刃有餘。但寬容絕不是無原則的寬大無邊，而是建立在自信、助人和有利於組織發展上的適度寬大。對於絕大多數可以教育好的員工，宜採取寬恕和約束相結合的方法；對那些蠻橫無理、屢教不改的害群之馬，則不應手軟。

一個企業因市場萎縮而裁員。裁員進行得還算順利，一個上午的時間，就讓全部被裁對象辦理了交接手續，離開了公司。但就在下午，負責裁員的管理者想放鬆一下的時候，一名神祕人物打電話來，要求不要裁掉某員工。主管屈從於某種壓力，打電話給那位已經辦理離職手續的員工，要求他明天繼續到公司上班。該員工在電話裡說：「不是讓我走嗎，怎麼又叫我回去上班呢？」態度甚是囂張。從此，這位員工就成了該公司的特殊員工，薪水拿的最高，工作最少。

另外一個企業，重新整理辦公空間，為了統一整體形象，為每一位員工重新配備了桌櫃。其中有一位員工因不喜歡新配備桌櫃的樣子，不同意基層管理者為其更換新的櫃子，並揚言：「我看誰敢給我換。」後來，再也沒有人要求他更換櫃子。部門的整體布局統一整潔，只有他的工作場所特殊、與眾不同，好像是異類。

縱容員工只能自食其果，這是管理工作中鐵的教訓。現代管理推崇以人為本，是要把員工置於主體的地位上加以考慮，尊重他們的人格，體察他們的性情，重用他們的能力。但這絕不意味著以情感代替原則，以理解代替制度，因為這樣只能縱容員工不合理的欲望和行為。這是管理工作之大忌。

在每一個組織中，多少都會有個別比較「難管」的員工，在他們身上，通常有以下特點：他們都有一定的工作能力和經驗，有一定的工作經歷，在團隊中的成績不是最好的，但也絕不是最差的；這些人在小範圍內具有一定的號召力和影響力，有一定的群眾支持，恃才自傲；經常和管理者公開頂嘴，反對一些新的計畫和制度，甚至散布一些消極思想和言論，產生極為不好的負面影響作用，但絕不是有意識的，而是性格使然；愛表現自己，自由散漫，眼高手低，不拘小節，講義氣，認人不認制度。

出現這樣的員工有各式各樣的原因，有主觀的，也有客觀的。比如前任管理者的遷就，自視甚高，技術上屬中流砥柱一類，以為組織裡沒人敢動自己；曾經的管理者下台者，當過管理者，但不能客觀認知到自己的不足，對處置不服，自暴自棄。

作為基層管理者，尤其是新上任的管理者，如果遇到這樣的員工，就像手捧一個雞肋，「棄了可惜，食之無味」。可是要怎麼辦呢？這樣的員工是完全可以扭轉過來的，並不是一無是處，非開除不可，如果用得好，他們可以扮演積極的帶頭作用，甚至激發團隊的鬥志；這就要求管理者要有容人之心，但注意不得已時一定要施以適當的阻力，防止犯大錯誤。在具體的「對陣」過程中，基層管理者可以採取以下幾種方法：

在公共場合找好一個機會，當其再一次公開給管理者出難題時，突然發難，反將其一軍，變被動為主動，和他打賭，現場約定好輸贏的賭注。賭注內容要以工作為中心，賭的內容就是員工認為「不可能」（其實並非不可能，只是有一定難度）的事情。當然，作為管理者，在選擇賭的時候，自己心裡一定要有必勝的把握，以身作則，讓他無話可說，乖乖的服從管理。在一定的時間範圍內，尤其是在工作很忙、任務很重，所有成員都忙得不亦樂乎的情況下，對其不聞不問，也不分派任何工作，讓他自己去冷靜、思過，直到他實在忍不住找你談話，然後再熱情的接待他，陳述問題，用換位思考的方法和其溝通，讓其認識到自己的不足，主動提出合作方案。

對於講信用、講義氣的員工，只要有機會和他成為朋友，那麼他一定會對你百依百順，並且赴湯蹈火，在所不辭。首先要取得他的好感，比如在其有難的時候，主動、無私的給予幫助，再找機會進一步加深了解，增進感情，第三步就可以主動約其談心、談工作，坦陳要協助其成長。

對於典型的「負面」代表，懇談，先禮後兵，請之改變態度行為，強調利益捆綁和共同目標。溝通時要注意不卑不亢，恩威並施。即使這樣多半不會奏效，但很有必要，有禮在先，後面的動作就「師出有名」了。在一個團體中要平衡力量，不能「一邊倒」。作為管理者，有必要給害群之馬樹立「正面」的表率，讓二者相互較勁，管理者從中調和，讓平衡力量最後達成一致。必要的時候可以給「負面」代表來點下馬威，但不可觸犯眾怒。

一顆老鼠屎如果掉進湯鍋裡，那麼會導致一鍋湯都不能喝了，該淘汰的人必須淘汰。部門裡總有幾個很難協調的人，無論是忍讓還是妥協都無法讓他們滿意，他們可能有點小本事，也可能沒有什麼本事。但他們總是這也不順眼，那也不順眼，總是彆彆扭扭。他們來到部門的目的似乎就是為了把事情搞糟。這種人就是老鼠屎，具有驚人的破壞力，如果不及時清除，就會像瘟疫一樣迅速蔓延，殃及整體。在某種意義上，部門就像一件脆弱的鐘錶，只要一個零件出了毛病，整個機器就無法運轉。

最後，如前所述「難管」的員工一般都有一定的影響力，他能引導某一群有消極思想的人的意見，他只不過是一個「意見領袖」罷了。這種消極思想，不能讓其在集體中蔓延和擴張，所以可以採取以他為首，進行團體隔離，從大團體中剝離，讓其管理該小團體，但對他要提出一些要求，給予一定的權力和承諾，滿足其「當老大」的願望，帶動這一部分人創造積極的局面。

透過以上做法，相信問題也解決得差不多了。當然，如果還沒有見效，就只有「忍痛割愛」，開除他。總之，這類成員還是有一定能力，可以為團體創造效益和價值。

採用適合的溝通方式

有的人說話辦事的方式都是很直接的，可以用直來直去形容。在企業中同樣如此。很多基層管理者在與員工溝通時都會出現這個問題。因為說話太直接，方式太簡單，最後導致溝通的效果很普通，往往沒有達到自己的最初溝通目的。而這一切其實和人的慣性思維有一定的內在關聯。

某知名心理學家曾做過這樣一個實驗，讓受試者看同一個人的照片，然後讓他們描述一下該人。他首先將受試者分為兩組，在出示照片之前，對第一組說，這個人是個通緝犯；而對另外一組卻說他是位科學家。然後讓兩組受試者仔細觀察作出判斷。得到「那人是個壞人」暗示的受試者，將他描述成了「深陷的雙眼證明內心的仇恨」，「突出的下巴代表死不悔改」等；而得到「這人是個傑出人物」的暗示那組卻認為「他深陷的雙眼代表了思想的深度」，「突出的下巴表明克服艱險的意志力」等。同樣一個人，只是因為他人知道的相關前提不同，竟然被作出了天壤之別的判斷和描述，這個實驗明顯的反映了慣性思維的作用。

我們從實驗中可以看到，對同一個人的評價，僅僅因為先前得到的關於此人身分的不同提示，得到的描述竟然有如此戲劇性的差距，可見心理的慣性思維對人們認知過程的巨大影響。慣性思維其實是活動之前的準備狀態，它可以使我們在從事某些活動時根據以往的經驗而事半功倍，節省時間和精力。但是，它的存在無疑也會束縛我們的思維，使我們習慣於用固定的眼睛看問題，用固定的思維想問題，而看不到事物的變化，從而陷入因循守舊的僵局，無法發現更多的創新與捷徑。

關志軍擔任明日天下公司製造部門的主管後，他知道員工們心裡最急迫的問題就是：「我一個月後還會在製造部嗎？半年之後呢？」為了使員工們不至於惶恐不安，關志軍剛上任五天就竭力向員工們保證，雖然他的轉虧為盈的計畫難免會傷害一些人，但他會盡力緩解痛苦的。他知道每個基層管理者在動手裁員前都說這話，可是他在一份備忘錄中說的卻是肺腑之言，備忘錄中說：「你們中有些人多年效忠製造部，到頭來反被宣布為『冗員』，工廠的黑板上關於業績的文字，當然會讓你們傷心憤怒。我深切的感受到自己是在要大量裁員的痛苦之時上任的。我知道這對大家都是痛苦的。但大家都知道這也是必要的。我只能向你們保證，我將盡一切可能盡快的度過這個痛苦時期，好讓我們能開始朝向未來，並期待著重建我們的製造部門。」

關志軍用電子郵件把這份備忘錄發給製造部的所有員工。這和以前的主管與員工溝通的方式大相徑庭，因為員工們都知道用不著理睬他的講話。而現在第一次有位基層管理者把電子郵件發給全製造部門的人。這是非正式的、個人間的和前所未聞的——而且很難避免。有誰能不打開他寫給自己的電子郵件呢？從一開始，關志軍就試圖突破形成於人們心中的慣性思維，換一種溝通方式，以此表明製造部門不必要那麼一本正經，隨和的方式也是很好的。

聽了關志軍的話，員工中很少有人會完全放心的。但是他知道自己真的別無選擇。正如他所說：「任何一家公司都不能保證一個員工都不辭退。那是空頭支票。」但是，他知道要打開與員工溝通的管道。他希望大部分人都能理解他的坦誠態度。當然，會裁減更多人員，但是他也希望，那些有幸留下的員工會開始感覺到過了一關。因為他向他們許諾，一旦裁員結束，就不再裁員了。留下的人會覺得他們的工作在長期內是有保障的。他們能毫無憂慮的重新工作。他何時行動呢？在這個關頭他還不知道。但是他決心已定，在不可避免的一次性裁員結束後，他要說：「我可以對員工說，我們公司不是一味裁員。裁員工作已經過去了。」

管理者要能協調組織內的所有員工為共同的目標去奮鬥。正因為這樣，與員工溝通，就成為管理者進行員工教育的一個重要方法。實際經驗證明，員工和管理者之間的許多問題，都適合透過個別談話加以解決。運用好談話技巧，不僅可以了解情況、溝通思想、交換意見、提高認識、解決問題，還可以暢通言路、集思廣益、凝聚人心、增進感情。因此，管理者要想成功管理組織，就必須掌握好與員工溝通這一基本藝術。

基層管理者與員工溝通的話題要從大處著眼，小處入手。話題太大、太無邊際，容易使員工產生厭煩情緒，或者給人以夸夸其談、裝腔作勢的感覺。進入正題後，要善於掌握評論的分寸。在聽取員工講述時，管理者不應發表評論意見。批評對方時不能無中生有，讓員工下不了台階，而是要本著誠懇與善意的態度，平等的與員工進行交談。不要言過其實，更不要挖苦員工。要根據員工的性格、身分和心理來談話。

此外，管理者還要善於利用一切談話機會。談話分正式和非正式兩種形式，前者在工作時間內進行，後者在業餘時間內進行。作為基層管理者不應放棄平時閒談的非正式談話機會。在毫無戒備的心理狀態下，哪怕是片言隻語，有時也會有意外的資訊。但要注意，當有第三個人在場或有外界因素干擾，以及時間倉促時，是不宜進行談話的。

第八章 做好人才培養工作

基層管理者不能原地踏步，建設團隊和培養一樣重要，「逆水行舟，不進則退」。應對員工進行實務上的指導，傳授必要的知識及方法，指出其不足之處，以此來提高他們的能力。當員工出現錯誤後，不要責怪，要及時的給予指導。

快速培養第一線人才

不能否認的事實是，有些員工加入企業之前就有很好的背景，他們受過良好的教育，畢業於著名大學，有著令人羨慕的學歷。可這樣的員工不經過第一線的磨礪，不經過基層管理者的點撥，也難以融入企業，也就不能成為優秀員工。

基層管理者不要幻想員工一開始就能在第一線表現出色，不要強求剛剛就職的員工就能融入企業，更不要強求員工熱情洋溢的為企業奉獻，或者為部門目標而奉獻。因為這樣的員工不是自然產生，而是要靠你悉心培養。你希望擁有什麼樣的員工，你就應該用什麼樣的方法去培養他。

請記住：你的成果取決於他們的能力，如果你忽視了這個責任，最終會危及到你自己。請你仔細考慮一下優秀基層管理者的成功經驗，其中，一個成功的管理者應該是一個善於培養人才的人，必須讓員工了解組織的任務以及最新方法和技術，還要幫助他們學習他們不懂的東西，使現有知識更加完善，能讓員工相信自我並熱愛工作。在這種情況下，他們的工作就會取得進步，而且整個團隊的士氣也會提升。

史主任為了讓員工認為他是個好說話的「好好上司」，當員工把問題擺在他面前時，不管是工作上的事，或是談判性的事，他都聽從於員工的意見。原本想，自己的做法必能贏得員工的信賴，可是，事與願違，員工對他的評語卻出乎他的意料之外：「我們主任就是缺乏獨立性。他根本沒有自己的想法。我們告訴他應該往東，他就說，是呀，應該往東！可當告訴他應該往西時，他也連聲答應說，往西也無不可。你說，這樣輕易妥協，從不提出經營理念，怎麼能夠控制全局，管理眾多員工呢？」由此可見，缺乏獨立性的主任，是難以使員工對他產生信賴感的。如果員工不願跟著走的話，就不能成為優秀的主任了。

從另一個角度看，培育人才比選拔人才更重要。如何培養出優秀的第一線員工是關係到部門發展和管理、產品、服務品質等問題的關鍵。培養人才不僅僅包括培養管理人才、技術人才，而且包括培養部門所有員工，只有培養好每個員工，才能充分提高部門的業績。作為主任，只要逐漸培養起獨立工作的能力，並能親切待人，同時又能剛強不屈時，才能培養出優秀的第一線人才。

孔子說，君子要「己欲達達人，己欲立立人」。意思是說，你要實現一種目標，就要先幫助別人實現；你要達到一個目標，就要先幫助別人達到他的目標。基層管理者需要啟用自己所有的技能，包括人際技能、管理技能、業務技能，去培養第一線人才。你需要真正的關心員工，了解他們的期望，並且將關心他們、愛護他們變成一種習慣，為他們的職涯發展負責，甚至能夠想到他們的生活所需。你需要像師父一樣，不僅把他當成一個能夠完成任務的人，還要把他當成一個擁有成長欲望的徒弟，耐心的教育他，一步一步的指導他，毫無保留的將你所知道的告訴他。你還要像長輩一樣，能夠預料到他可能會遇到的困難，鼓勵他，幫助他，甚至為他犯的錯誤承擔責任。

基層管理者要重視人才，重視提高員工素養，重視培養他們的能力，花時間選擇和培養人才。在人才培養上，採取的「水漲船高」的做法。「水」指的就是員工，而「船」則是浮在「水面」上的出色人才。要讓全體員工都有學習提高技能的機會和「自我培養」的意識，把「水位」提高。水漲高了，「船」才能浮得更高，也才能使人才脫穎而出。

基層管理者不能事無巨細全都包辦。要給員工留下發揮自己能力，培養自己能力的餘地。每個員工都有不同的價值觀、見解、態度、信仰、文化，以及不同的工作習慣、奮鬥目標、志向和夢想。由於這些的多樣性，如何將這些不同的員工快速培養成第一線的高績效的人才，基層管理者就必須在工作中充當多重角色。

基層管理者有時必須果斷的下達指示，對員工提出明確的目標，並向他們提供一定的支援，成為能夠快速培養員工的人，要能夠「帶領員工走到他們從未走過的地方」。你既是下命令的人，也是吹號的人。作為基層管理者你必須學會鼓舞員工，在你的鼓舞下，沒有也不允許有後退的人。與一臉嚴厲相反，有些時候你有必要幫助員工排憂解難，了解員工心中所思所想，幫助員工走出心理困境。只有這樣，才能增強員工凝聚力，保證大家願意跟著你走，才能使大家同心同德而不是離心離德。

基層管理者得學會營造一種融洽的團隊氛圍，讓團隊中的每位成員都能夠按照工作的需求，扮演好自己的角色，做自己應該做的事情。你可以時常的開一些玩笑，以及毫不客氣的說對方，但是，這並不能影響整個團隊的氛圍與積極性，在這個過程中你們能更好的談心，了解彼此。基層管理者的信念、價值觀都要成為你所在的團隊的意志，都要被你所帶領的員工所認可。所以，你有必要掌握每個人的個性，擅長和不擅長的事項，根據實際情況進行培養，引導員工揚長避短，使員工都能夠成為第一線的人才。基層管理者為了能夠帶領企業員工更快、更遠的前進，必須盡快讓自己成為卓越的管理者，必須更快、更準確的培養第一線員工。

不怕自己被超越

李明軍剛開始當主管時，對手下員工所做的一切都感到不滿意，為了向他們交待清楚要辦的事，往往花費很多時間，結果他們還是做不好，最後還得自己來收拾殘局。手下的員工並沒有像自己想像的那樣好，但有一天李明軍突然醒悟了：「如果我老是對員工不放心，總是過度干預，他們就永遠也做不好，我就永遠得跟著他們操心勞神。因此，我將業務進行分類，除了必須由自己完成的，其他全委派給員工，我也不怕被他們超越，儘管開始他們做的沒有我出色，但透過放手讓他們去做，可以培養他們，我也能夠從他們的工作中發現真正得力的員工。」

這位主管的例子正好說明了培養員工的緣由，基層管理者不是超人，精力都是有限的，而部門裡的事情又是千頭萬緒，如果試圖自己去做所有的事情，即使把自己累死也做不完。所以，基層管理者必須放棄擔心自己被員工超越的心理，透過培養員工來提高工作效率。透過對員工一系列的培養，讓自己只處理那些必須由自己處理的事情，如重要問題的決策、人才的使用以及必須由自己出面解決的問題。這樣，才能夠在同樣的時間裡做更多的事情，而不是將自己淹沒在那些日常瑣碎的事情中，表面上看忙忙碌碌，但實際上並沒有解決多少問題，或者只是做了本來應該由別人做的事情。

在美國一家公司裡，一名基層管理者正在與一名員工對話。「我們怎樣才能成為歐洲最棒的公司？你能不能替我們找到答案？過幾個星期來見我，看看我們能不能達到這個目標。」幾個星期後，這個人約見管理者。管理者問他：「怎麼樣？可不可以做到？」他回答：「可以，不過大概要花半年的時間，還可能花掉你六十萬美元。」管理者興奮的插嘴說：「太好了，說下去。」因為管理者本來估計是要花五倍多的代價。管理者的神情把那個人嚇了一跳，他定了定神繼續說道：「等一下，我帶了人來，準備向你匯報。他們可以告訴你我們到底想怎麼做。」管理者立即說：「沒關係，不必匯報了，你們放手去做好了。我相信你的能力。」過了幾個月後，那個人請管理者過去，並給他看了幾個月來的業績報告。當然他已使該公司成為歐洲第一，但這還不是全部。管理者還看到這個人省下了六十萬元經費中的十萬元，一共只花了五十萬元。

由此可見，管理者的一個基本責任就是不怕自己被員工超越，然後鼓勵他們主動嘗試。而其最基本的行為表現，就是給予員工更多的信任，放手讓員工去做。有一些管理者在管理團隊過程中，喜歡自己做英雄，當老大，忽視了團隊成員的作用，把團隊能力變成了個人的能力。他們要求自己是英雄，甚至認為自己已經是英雄了，同時仇視別人達到他的水準。結果可想而知，長此以往，員工也感覺什麼都不如管理者，有些樂得成為觀眾，看管理者表演；有的乾脆離你而去。

喜歡做英雄的人，一方面是具有完美主義傾向，一旦自己或者員工在工作中不甚完美或者犯點錯誤，他們就會指責批評。因為在他們的思維裡，英雄是不應該有瑕疵的。但他們忽視了一個簡單的道理——水至清則無魚，人至察則無徒。另一方面，這些人有很強的控制欲，他們在工作中不僅控制自己，而且控制別人和員工。他們希望令行禁止，所採取的方法就是嚴格要求並且以身作則。很多這樣的管理者成為工作狂，想要控制工作反倒被工作所控制。這種超強的控制欲使員工難以忍受，有的員工選擇離開，而留下來的員工大部分也是工作狂，因為只有同是工作狂的員工才能讓英雄滿意。具有英雄情結的人需要調整自己的心態，否則，長久下去對自己和他人的心身健康都非常不利。

楚漢爭霸時，劉邦沒有滿足於自己的長處，不認為自己的計謀超越別人，更不以為自己是軍事天才，虛心聽取奇謀妙策，讓手下猛將獨當一面各自作戰，採用謀臣武將之所長，為他打天下；而項羽則自恃深懂兵法，又有可拔山舉鼎之能力，認為比謀臣武將都高一等，既不聽謀士計謀，對於獻策也不屑一顧，有猛將也視而不見，即使任用也不信任，就怕下屬超越自己。致使謀臣猛將離楚歸漢，痛失天下。我們可以看出，劉邦的長處是善於知人用人，不怕被下屬高超的才能超越自己，大膽從基層中提拔人，用眾人之長成己之長。而項羽則是處處擔心下屬超越自己，獨斷專行，不能用人之長而致成己之短。

因此，一個高明的基層管理者要明白一點：自己的工作是管理，而不是專制。處處事事把自己當作「監工」，擔心員工超越自己，把所有的員工都看成為自己服務，這樣的管理者永遠也成不了好主管，優秀的管理者應對員工委以重任，大膽使用，才不會遭致下屬的心理抗拒，容易使雙方形成平等、融洽的人際關係，能充分發揮其聯盟才智，從而創造一種良好的工作氣氛，提高工作效率，這樣他們不僅不會離開，還會加倍努力的為你工作。

把一項工作完成得漂漂亮亮在於培養人才，而培養人才在於要衝破原有的格局。自己不擅長的事情不要去做，應該放心大膽的交給拿手的員工去完成。抓住用人重點，往往要比物質金錢的效果大得多，可以增強員工的榮譽感和完成任務的責任心。

人才從來都是培養而成的，對他們應當放手使用，給他們發展的機會，使之衝向前方奮戰，他們會感覺到在企業有前途，就會自然而然的將自己與企業的命運融為一體。所以，要把工作交給拿手的人去做，清除擔心下屬超過自己的心理障礙，讓他們覺得自己是在「獨挑大梁」，肩負著一項完整的職責。請記住，員工在一家企業工作，並不僅僅是為了拿薪水，而是有著發揮自己專長、成就事業的追求。企業領導者若能滿足員工這方面的要求，自然令其精神抖擻，樂於從命。

一位基層管理者在總結他成功的管理經驗時，集中概括為：知道選用比他本人能力更強的人來為部門工作。管理者與下屬的才幹相比，下屬往往是一技之長，管理者則是用人之長。理解、尊重和信任你的團隊，把工作放心大膽的交給拿手的人是基層管理者培養人才的重要原則。單靠發薪水是不能提高員工熱情的，唯有提升員工的精神才能鼓舞士氣，獲得效益。不管什麼時候，與下屬一起研究工作，指派了某個下屬後，就放心讓他去處理，讓他去施展才華，只要他不違背工作主旨，你就不應該出手干預，因為只有這樣才能夠培養出優秀的員工，才會使他們更加尊重你的權力，也才能讓你的下屬充分發揮積極性，讓他們體會到在工作的快樂。

一次，魯國使者前來晉見齊桓公，齊國負責接待的官員向齊桓公請示接待的禮節，齊桓公對那位官員說：「你去問丞相管仲吧。」過一會，齊國的一位官員過來請求批文，齊桓公也對他說了那句話：「你去問管仲吧。」齊桓公身旁的侍從看到這種情形，小聲嘀咕說：「照這麼看來，什麼事情都去問管仲，當君主不是蠻輕鬆的嗎？」齊桓公察覺後反問他：「那麼你知道我為什麼要選用管仲當丞相嗎？」侍從無言以對。齊桓公說：「你這樣短見的人又怎麼能懂呢？作為君主之所以辛辛苦苦網羅人才，就是為了運用人才。國務繁多，如果凡事都由君主一個人親自去做，根本不可能做得了，也會糟蹋費心找來的人才了。」齊桓公接著說：「況且我花那麼多的心血尋找，才找到賢才管仲當我的丞相，我當然就要把事務交給他全權負責處理，我不應該隨便插手，凡事有條不紊，齊國才能長治久安，才能興旺強盛。」由於齊桓公的賢明，再加上管仲的大力輔佐，不久之後，齊國就躍居春秋五霸之首。

基層管理者要借鑒齊桓公這種「凡事問管仲」的做法。應該認識到：培養人才是一件很辛苦又費力的事，培養出真正的人才不易，能夠長久留為己用就更不容易。身為基層管理者，不要擔心被員工超越，應放手讓人才去發揮自己的才幹，不要隨便插手干預。

心胸狹窄不利於人才的培養

十九世紀，英國著名的大化學家大衛，發現了法拉第的才能，並把這位小書店的裝訂工招到皇家學院做自己的助手。法拉第果然不負大衛的厚望，接連完成多項重要發明，就連大衛失敗的項目，他經過刻苦努力也取得了成功。誰知這一下卻勾起了大衛的嫉妒之火，不僅一直不改變法拉第實驗助手的地位，還極力阻攔他進入皇家學會，影響了法拉第發揮創造才能。這個真實故事告訴我們：嫉妒心強、心胸狹窄不利於人才的培養。要使各方面人才脫穎而出，基層管理者需要有寬廣的胸懷。

青出於藍而勝於藍，是歷史發展的必然規律。即使是出類拔萃的基層管理者，早晚也會被員工超越；即使是頂尖管理者，也未必沒有弱項，也有不如別人的地方。所謂「長江後浪推前浪」，講的就是這樣的普遍現象。正確看待自己的不足和員工的優點，正確看待員工超越自己，正確看待員工做出比自己輝煌的成績，為人才的脫穎而出、成長進步鼓掌加油、創造條件，是基層管理者必須具備的胸襟、氣量和素養。

主管胸襟開闊，從企業的大局出發，有發現和培養人才的意識，就能從普通員工中發現優秀幼苗，積極培養，大膽使用；管理者眼光遠大，就能以事業為重，大膽讓員承擔責任，幫助他們挖掘潛力，產出成果；管理者氣量過人，就能寬容人才身上的缺點與不足，說明人才揚長避短，盡快成長。

「海納百川，有容乃大。」培養、造就大批人才是企業的需要，也是基層管理者的責任。一個公司人才濟濟，管理工作才能得心應手，取得成績；如果缺乏得力的人才，在任務面前沒有合適的人選可分派，管理者難堪不說，也會耽誤大事。因此，基層管理者應當高度重視人才問題，以寬廣的胸懷對待各方面的人才，樹立「選人用人失誤是過錯，埋沒耽誤人才也是過錯」的觀念，鼓勵下屬展示才幹、積極進取、開拓創新，取得超越自己的成績，得到更高的榮譽；同時，要盡最大努力真心誠意的關培養人才，為他們發揮才能創造一切必要的條件，以推動工作的開展。

重視對員工的培養是一個企業興旺發達的根本之所在，也是企業管理中的最重要的問題之一。要使用人才，首先就得培養人才。基層管理者也得要重視教育，提高職工的素養和技術水準，培養專業技術人才。有了第一流的員工隊伍，第一流的技術隊伍，企業定能興旺發達。

在一家公司內有趙、劉兩位主管，趙畢業於國內一所著名的科技大學，進入公司十年之後，升為主管，被公司同仁公認為幹練的基層管理人員；劉則不大引人注意，他是進入公司十五年之後，與趙同時升任為主管。劉並沒有輝煌的業績，且公司上下人人都知道他曾失敗過許多次。在評論他們兩人在公司的競爭中，人人都認為趙必占上風，但事實卻與此相反。截至目前為止，勝利仍歸於劉。

在他們同時成為主管那年，彼此的業績不分上下，直到第二年之後，劉開始有了驚人的業績。趙當然也有業績，但與劉相比，卻仍有一段距離。後來，同事們漸漸發現：他們兩人的差別在於彼此對員工的教導方法有所不同，趙主管教導屬下的重點在於舉出自己成功的例子，劉則毫不諱言的舉出自己失敗的教訓。由此，兩者不同的教法在員工的業績上的反應自然就互有差異。

誠然，作為員工，每個人都有著渴望成功的強烈願望，但事實是每一次成功的背後總是有無數次的失敗。這樣，趙、劉兩位主管分別以自己成功、失敗的經驗教訓教導員工時，哪一種效果更為出色呢？從例子中可以看到，雖然成功的例子具有強化教導的效果，然而相比之下，在教導年輕員工時，以失敗的例子作為教導的方法更具效果。產生這種效果的原因在於趙主管所舉出的總是自己成功的體驗，他的員工聽了之後反而會產生自卑感，這樣，由於對失敗的極度恐懼，使得精神不振，情緒低落。相反的，失敗對於年輕的員工而言，已經是習以為常的事。所以，當劉主管對他們談起自己失敗的教訓時，他們反而會產生親切感，從而更好的接受「失敗是成功之母」這一教訓，從而精神振奮，勤奮工作，創造出更輝煌的業績。

將軍額頭能跑馬，宰相肚裡能撐船。基層管理者的器量之大小決定其才能的大小。命運的大小，就看其肚量的大小，氣量能容下一部門之人，才是一個基層管理者。心胸狹窄的人常常見識短淺，而且十分固執，猶如井底之蛙，不知天高地厚，自以為是，不聽忠言。他們在自己的能力能控制的範圍之內，常常遊刃有餘，而超越了這一範圍，便會心有餘而力不足，往往身敗名裂，甚至於自取其禍。心胸狹窄的人很嬌弱，而且往往具有很強的排斥心理，拒人於千里之外，就如同眼裡容不得半點沙子。

曹操雖然是一個有能力的領導者，但是也免不了心胸狹窄的弱點。最突出的例子，莫過於大家耳熟能詳的曹操與楊修的故事了。

楊修為人恃才傲物，屢屢遭受曹操的嫉妒。有一次曹操建了一座花園，曹操看過之後不置可否，只取筆在大門上寫了一個「活」字就走了。大家都不明白這是什麼意思，只有楊修說道：「門字裡面填一個「活」字，就是一個闊字，丞相是嫌大門建造得太闊了。」於是工匠重新修建了大門，又請曹操來看。曹操看過之後大喜，問道：「是誰知道我的心意？」左右人說是楊修，曹操稱讚了楊修的聰明，但是心裡卻很嫉妒。

又有一次，塞北有人送來了一盒酥，曹操在盒子上寫了「一合酥」三個字，把盒子放在案上。楊修看見了，就拿勺子和大家把酥分食了。曹操問他原因，楊修說道：「盒子上明寫著一人一口酥，我怎敢違抗丞相的命令。」曹操雖然笑了起來，但是心裡已經很討厭楊修了。

曹操唯恐別人會趁自己睡覺的時候加害自己，常常吩咐左右道：「我夢中喜歡殺人，我睡著的時候大家不要靠近。」一天白天，曹操在帳中睡覺，被子掉在地上，一個侍衛過來幫曹操把被子蓋好。曹操跳起來，拔劍殺了侍衛，又上床繼續睡覺。醒來之後，曹操故意驚問道：「是誰殺了侍衛？」左右把實情告訴了他，曹操痛哭，命令厚葬侍衛。從此大家都相信曹操會在夢中殺人。但只有楊修知道曹操的真實用意，在埋葬侍衛時嘆息道：「丞相不在夢中，你才是在夢中呢！」曹操知道了越發厭惡楊修。後來楊修又利用自己的聰明才智幫助曹植爭奪王位的繼承權，這越發引起曹操的不滿，已經有殺死楊修的心意了。

一次，曹操在與劉備征戰的時候處於下風，兵退斜谷，進退不能，猶豫不決，恰好廚師端上雞湯來，曹操看見湯中有雞肋，不禁有感於懷。正在沉吟之時，夏侯惇進帳請示夜間的口令，曹操隨口道：「雞肋，雞肋。」夏侯惇便傳令官兵，以「雞肋」為號。楊修聞號令是「雞肋」，就叫隨行的士兵收拾行裝，準備歸程。有人告訴夏侯惇，夏侯惇大驚，問楊修為什麼要收拾行裝。楊修道：「從今晚的號令，就知道魏王不過幾天就要退兵了。雞肋這個東西，吃起來沒什麼肉，丟了又可惜。現在我們進攻不能取勝，退兵又怕被人笑話。在這裡沒什麼好處，不如及早回去。來日魏王必定班師，所以先收拾行裝，免得臨行慌亂。」夏侯惇道：「你真是了解魏王的心意啊！」於是大小將士，無不準備行裝。

當夜曹操心亂，睡不著覺，就手提鋼斧悄悄在營中巡視，只見將士們都在收拾行裝，趕緊叫夏侯惇來問其緣故，夏侯惇便說主簿楊修知道大王想退兵的意思，曹操叫來楊修詢問，楊修把雞肋的意思告訴曹操，曹操大怒道：「你怎敢胡言，亂我軍心！」就命令刀斧手將楊修推出斬首示眾了。楊修的才能引起了曹操的嫉妒，終於被曹操找個機會殺之而後快。可見在一個心胸狹窄的領導者是多麼陰險啊。

心胸狹窄的人鼠肚雞腸，經常注意的是誰比他受到讚揚，誰比他受上司賞識，特別是在名利分配上，誰比他多得好處。一旦發現這樣的人，他就會頓生妒火，於是心煩意亂，抓耳撓腮，吃睡不寧。嫉妒者的態度往往是這樣的：你居我之下，一好百好；超我而上，誰都不好；你有了名聲，我臉上無光。如此這般想來，便有一種萬箭穿心之感，非把人家擠掉，方消心頭之恨。這怎麼能培養出優秀的員工呢？

有目的性的培養人才

基層管理者的任務就是要充分激勵和運用每個員工的長處，共同完成任務。如何做到呢？當個好教練。在企業的一個部門中，基層管理者必備的能力之一是教育訓練。基層管理者教員工，不只說你要好好幹之類的鼓勵的話，而是一步一步的教，一舉一動的做給員工看。因此，作為一名基層管理者，你必須投入大量的精力讓員工接受培訓，這是一種永無止境的過程。

小田千惠是日本索尼公司銷售部的一名接待員，工作職責就是為往來的客戶訂購飛機票、火車票。有一段時間，由於業務的需要，她時常會為美國一家大型企業的總裁訂購往返於東京和大阪的車票。

後來，這位總裁發現了一個非常有趣的現象：他每次去大阪時，座位總是緊鄰右邊的視窗，返回東京時，又總是坐在靠左邊窗口的位置上。這樣每次在旅途中他總能在抬頭間就能看到美麗的富士山。「不會總有這麼好的運氣吧？」這位總裁對此百思不得其解，隨後便饒有興趣的去問小田千惠。「哦，是這樣的，」小田千惠笑著解釋說：「您乘車去大阪時，日本最著名的富士山在車的右邊。據我的觀察，外國人都很喜歡富士山的壯麗景色，而回來時富士山卻在車的左側，所以，每次我都特地為您預訂可以一覽富士山的位置。」聽完小田千惠的這番話，那位美國總裁打內心深處產生了強烈的震撼，由衷的稱讚道：「謝謝，真是太謝謝你了，你真是一個很出色的員工！」小田千惠笑著回答說：「謝謝您的誇獎，這完全是我職責範圍內的工作。在我們公司，其他同事比我更加盡職盡責呢！」

美國客人在感動之餘，對索尼的管理階層不無感慨的說：「就這樣一件小事，貴公司的職員都做到盡職盡責，那麼，毫無疑問，你們會對我們即將合作的龐大計畫盡心竭力的，所以與你們合作我一百個放心！」令小田千惠沒有想到的是，因為她的盡職盡責，這位美國總裁將貿易額從原來的五百萬美元一下子提高至兩千萬美元。

員工的責任心，就是企業的防火牆。其實許多企業巨人轟然崩塌與員工缺乏責任心有關；員工缺乏責任心，又與基層管理者培養員工責任心的能力不強有關。想讓每一名工作人員的責任心都充分展現出來，必須首先讓員工學會遵守工作流程，嚴格按工作標準工作，不違反工作制度，自覺接受監督。要做到這一點，必須對員工進行培訓、教育。把員工培養成像小田千惠這樣的人，將責任根植於內心，讓責任成為了其腦海中的一種自覺意識。這樣一來，在日常工作中，這種責任意識才會讓她表現得更加卓越。作為一名合格稱職的基層管理者，就必須盡職盡責把員工培養成具有高度的責任義務感的人。

企業在競爭日益激烈的環境中，只靠增加人員、擴大規模來實現更多、更出色的工作目標已不可能，因此只能轉向發展員工能力。面對這種挑戰時，要牢記能力決不局限於人們掌握的某項特殊技能。他們的想像力、創造力以及將要學到的新知識將使他們為企業創造輝煌的未來。基層管理者的教育使命並不只是幫助員工獲得解決具體問題的技巧，還要幫他們拓寬思路、解決隱藏問題、抓住潛在的機遇。

你在行使管理者兼教育者的職責時，首要任務就是，要幫助員工了解他們的工作說明書不能滿足你對他們的工作期望。傳統的工作說明書由於太具體而有可能捆住員工的手腳，使他們無法發揮。另外，原來的工作說明書對員工的技能、洞察力及經驗這一整套東西涉獵不夠。今天，人們無法精確預測某個職務將會包含哪些內容，因為最理想的是，它必須每天做出相應調整以保持競爭力並跟上世界的步伐。如是，工作說明書不應是羅列職責的一張清單，而應對一個職務中可能出現的結果及潛在的影響範圍進行詳細的描述。

元世祖忽必烈建立了元朝，這是一個不輸於成吉思汗的傑出帝王。忽必烈的傑出不僅展現在他的軍事才能上，還展現在他用人的不拘一格。他把十八歲的安童任命為丞相就是他不重資歷，大膽提拔有才能的人倚為羽翼的一個明顯例證。

安童是元初「開國四傑」之首的木華黎的孫子，但他的突出並不是表現在他的門第上，而顯示在他與眾不同的成熟和穩重上面。安童十三歲時就因祖父的功勞而被「召入長宿衛，位上百僚之上」。但他一點也不願意倚仗著祖輩的功勞的庇蔭，而是樹立大志，勤奮學習。有一天，忽必烈與安童的母親談話時問起安童的情況，安童的母親回答說：「別看安童年幼，以後一定可以成為您的心腹之臣。」世祖問：「為什麼？」安母答道：「安童年方十三，但每退朝之後必定只與老成人說話，不喜歡與少年嬉戲，因此我認為他會有出息。」忽必烈聽後，大為讚嘆，因此時時注意培養、考察這位少年。

忽必烈與阿里不哥爭王位得勝後，拘捕了阿里不哥的黨羽千餘人，世祖問安童：「朕欲置此等於死地，你以為如何？」安童說：「人各為其主，他們跟隨阿里不哥也是身不由己，這由不得他們選擇。陛下現在剛剛登上王位，要是因為洩私憤而殺了這些人，那又怎麼能讓天下人誠心歸附呢？」

忽必烈沒料到一個十幾歲的少年竟然說出這樣有見識的話來，驚訝的說：「愛卿年紀尚幼，何從知道這番道理？卿言正與朕意合！」從此，忽必烈對安童就更加另眼相待了。又過了幾年，安童已經十八歲了，忽必烈看他處世練達，辦事果斷，為人穩重，足智多謀，就決定破格提拔他。

基層管理者願意肯定下屬，給予下屬接受訓練和學習，從而不斷成長發展的機會，下屬才有成為有用之材的希望。明白說，培養下屬肯在下屬身上投資多下工夫，正是為了部門自身日後能得到更多回報，受益的正是基層管理者。試想自己手下的人精明又能幹，部門的效率不斷提高，當然你是最大的贏家。所以幫助下屬成長，發揮其長處，對其投資馬上就會回饋在自己身上。也就是說，你的所作所為，歸根結底都是在「幫下屬替部門做事」，也就是為公司做事。

扶助員工成長

作為公司的基層管理者，你不可能一對一的教會每一位員工。你所能做的只是向他們提供大量機會，並鼓勵他們抓住機會去自我成長。讓員工得到培訓和發展機會，其間接的作用是部門的業務也將得到拓展。有了這樣的學習動力，員工們就能精力充沛，充滿生機，保持興奮，熱切希望提高自己的技能。透過與員工的接觸，顧客也能從中受益。如果員工不求進取，那麼整個部門就如一潭死水。

作為一名成功的基層管理者，要想使自己的團隊團結一致，高效運轉，就要激勵員工的積極性，就要讓員工在能夠培植自我激勵、自我評價與自信的氣氛中工作。因為自信能力是一個有良好素養的員工不可缺的創造源泉，也是影響一個人工作能力高低的重要因素。在一個組織之中，員工的自信與組織的整個士氣密切相關，與他們的個人績效緊密連結。

什麼情況下員工才會產生自信心呢？當他們知道了過去所不知道的事；完成了以往所無法完成的事；或者贏了他過去所無法勝過的人，這時他就會產生自信心。例如，某人過去無法在一個工作日內完成相應的任務，可現在只要多半個工作日，就可完成規定的任務。或者他過去在競賽中從未勝過對手，現在居然贏了，此時的他，必然會信心大增，能力也會隨之慢慢的成長。自信心的提高，會使一個人對自我的掌握能力加大，這種自我掌握能力是一個人對自己準確評估與預見的能力，它會在人的內心產生一種能動的力量，促使個人向完善發展，並且因此而把握住一個正確的途徑。但是一個人如果喪失了自信心，整個人就會顯得萎靡不振、毫無活力而言，而且是永無長進。

基層管理者在培養員工的自信心時，要注意一個最大的「阻礙因素」，即員工的自卑感。不論哪個公司，總存在著兩三位有自卑感的人。一旦自卑感作祟，就會喪失自信，使其本身能力降低。有自信的人會不斷的提出方案，踴躍的發言，做起事來非常積極。而有自卑感的人，因過於注重他人的言論，總顧忌著一舉一動是否惹人注意，會不會受到他人恥笑，因此總不敢發表意見。老是以自信者的意見為意見，於是對自己愈來愈喪失自信，愈來愈自卑，最後竟然完全沒有個人思想。

某些員工的自卑感是在與其他人比較的情況下才會產生的，凡事不關心或者缺乏競爭觀念的人根本就不會有自卑感。例如，某人在與資深學長或技藝專精的人做比較時，如果輸了，也不致產生自卑感。但在某方面趕不上同伴或者竟然輸給能力較差的人，或者看到別人都有卓越的表現，只有自己默默無聞，那除了心中懊惱外，就會產生自卑感、喪失自信心。

幫助員工成功既是管理者的應盡職責，也是培植員工忠誠的必要之途。一個人要想成功，除了本身所應具備的自身素養及專業知識外，還需要更為重要的因素——機會。作為一位管理者，當你盡心盡力幫助你的員工成功的同時，你也由此獲得了他們的敬愛與支持，這樣，你的前途將一片光明。那麼，管理者應採取什麼樣的方法來給予員工成功的機會呢？

作為一名基層管理者，給員工表現的機會也很重要，你應該對你所管轄下的員工的個人生活經歷、愛好、興趣、素養、對專業知識的掌握等方面有一個了解。了解他的特長，了解他的性情，了解他的能力，並由此在安排工作上給你的員工有一個表現的機會。性情熱情開朗，善於與人交際的員工，你可以讓他在公關交際方面發揮其特長；性格內向，對文字具有敏銳的洞察力的員工，你可讓他在文字工作方面多表現一番。總而言之，一位工作有效的管理者對他的員工所提供的表現機會上都是恰到好處的。而員工也會在這難得的機會中遊刃有餘。

就拿諸葛亮來說吧！諸葛亮的確是一代英才，上通天文下曉地理，對治國安邦，指揮作戰，發展經濟都很有一套辦法。而諸葛亮的才能之所以發揮得如此淋漓盡致，也與他遇到劉備這一位「主管」有關。如果劉備沒有三顧茅廬，請諸葛亮出山並從此委以重任的話，諸葛亮的雄才謀略也只能隱入山林之中了。再假使諸葛亮在曹操手下做幕僚，曹操這位大「主管」是不會把軍政大權讓他「一把抓」的，這樣歷史上的諸葛亮恐怕就不會名垂青史，萬人稱頌了。

讓你的員工有機會獨立思考，不去干涉你交給員工的工作，給你的員工多些表現的機會，也是作為一位管理者應該認知到的問題。你還必須給員工學習的機會，俗話說：「任何人都可以輕易的把馬牽到河邊，但是若他們的馬不想喝水的話，那麼無論用什麼方法也無法強迫牠。」員工成功的情況也是如此，如果員工毫無學習的意願，即使強迫他，也不會有效果。

基層管理者提供的教育方式，往往會依經營者的觀念而定。但這並不表示經營者或店主，可做員工的模範。一來這樣的標準，是不容易做到的，二來一直約束自己，也不會有持久性。事實上，平凡的人，也無法像聖人那樣完美無缺。既然是平凡的人，當然也會有缺點的，一個人的優點與缺點是並存的。但身為管理者，在工作上的確是要作為員工的模範，最主要的就是要對工作有熱忱。儘管在工作中，有時會暴露出本身的缺點，但只要身為公司的主事者，就要比任何員工都熱衷於公務。這樣一來就能帶動員工努力工作。如此就可做到「上行下效」了。管理者的熱忱自然會影響到員工，而成為員工的模範。

一些基層管理者口口聲聲說要給員工成長的機會，但是就是不把一些重要事務放手交給他們去做，員工所接觸的都是一些最基礎的工作，這樣的工作做久了以後自然就沒有吸引力和挑戰性了，當然也有的管理者確實有培養員工的意識，於是把原本屬於自己的工作內容大部分都交給了員工去做，但卻不過問做的效果和有無需要改進的地方，其實這兩者都算是一種極端，員工成長表現在能勝任更多、更難的工作，優秀的員工是能夠承擔上司的部分工作的，但是由於下屬的視野並不如上司，在考慮問題上難免有偏頗之處，如果我們全部放手，員工自己做錯了還不知道呢！而如果是一些重要的事務做錯了，管理者也很難逃脫責任，所以如果要既保證工作完成的品質，又要更好的幫助員工挑起重擔，放手是必要的，但是在放手的同時也需要不定時的進行確認和指導。

有一位管理者說以前他交代一項任務給下屬，跟下屬說最後由他審核確認，所以如果做錯了也不要緊，結果他發現，幾乎每次做這個事情都會出小問題，於是他又跟下屬說以後這件事情我不再過問，他也不一定會看，你的結果也就是最終的結果，所以你要對此負責任，一定要認真完成，在這之後雖然這位管理者每次還是會去看一下，但是再也沒有發現有什麼問題，他們之前所犯的錯誤也沒有出現過。

培養出敬業的員工

敬業兩字包含的內容很廣，勤奮、忠誠、服從、紀律、責任、專注等等都涵蓋於其中。一個人如果敬業，那麼他就會變成一個值得信賴的人，一個可以被委以重任的人。一個員工是否成功，完全取決於他的敬業程度。敬業的員工不僅僅是為了對上司有個交代，更重要的一點，敬業是一種使命，是一個職業人士應具備的職業道德。但是，沒有熱忱的基層管理者，也就教育不出敬業的員工。管理者本身必須有對於經營的使命感，否則，即使你有意培養人才，也無法做到。唯有管理者用「我經營這家公司，是為了這種目的」的使命感教導部屬，才能發揮培養人才的效果。一個人澈底認識自己所從事事業的意義及價值之後，才能埋頭苦幹，並留給別人好的印象。

從體制上打破等級制，真正實現按照貢獻計酬。一是平衡員工之間的等級心理，讓他們保持在同一起跑線上工作的良好心態。二是嚴格量化業務，評議工作，考核績效，鼓勵多勞者和優勝者，打擊怠工者。只要在相同的工作崗位上，不論年齡、年資、學歷，一旦完成了等量的業務或工作，均可得到相同的薪酬。

從年齡結構、健康狀況和形象上組織優化。一是嚴把關，除要求基本的學歷、年齡、健康狀況外，還應要求基本的形象氣質。二是不同的工作應有不同的年齡規定和形象要求。第一線員工應特別注重形象氣質的訓練與培養，並每年以不同形式，鼓勵年輕員工到第一線工作。三是對反應有腰、肩脊等職業疾病的員工及時輪換調整。這樣，使員工在各自的工作職位上具備了健康的身體，飽滿的熱情，充滿了自信，才能保證他們珍惜機會，努力工作，不虛度年華。

土光敏夫在擔任東芝株式會社社長時對員工的要求很高，他認為：為了事業的人請來，為了薪水的人請走。能夠因為事業的價值聚集在一起的才能真正把事業做大，即使企業面臨困境時，這些人也會和企業風雨同舟，榮辱與共。而那些因為薪水才來的人，只是看重企業的福利和待遇，並不是企業本身對他有吸引力，如果有一天，公司出現困難，他們肯定會拍拍屁股走人，因為他們想要的東西公司已經不能再給予他們了。他們自然會到一個能夠給他們帶來物質滿足的企業，但絕不是現在的企業。這就是敬業和不敬業的區別。

在美國賓夕法尼亞州的山村裡，曾有一位出身卑微的馬夫。他小時候生活非常貧苦，只受過短時期的學校教育。從他十五歲那年開始趕馬車，兩年後他才找到另外一個工作，每週只有不到三美元的報酬。他無時無刻不在尋找機會。後來他又應徵一個工程師的招聘，去了卡耐基的鋼鐵公司上班，日薪一美元。他每得到一個位置時，從不把薪水看得有多麼重要，而是把忠誠於自己的職業放到首位，像愛惜自己的眼睛一樣珍惜自己獲得的職位。他經常用美國西點軍校的一句著名格言來勉勵自己：像忠誠上帝一樣忠誠國家，像忠誠國家一樣忠誠職業。由於他不僅沒有討厭自己的工作，反而更加勤奮好學，沒多久就被提升為技師，接著升任總工程師。到二十五歲時，他已經是那家公司的總經理了。到了三十九歲，他一躍升為全美鋼鐵公司的總經理。他就是現在美國著名的企業家查理・斯瓦布先生。

從待遇上激勵員工安心分內工作，勤勉奮進。一是基本薪資，按市場物價指數變化及時上調員工薪資，以抵禦因物價上漲帶給員工經濟、精神上的壓力和恐慌；二是總薪酬。薪酬總量以當地正常消費水準為依據，讓他們在經濟方面能輕鬆養家並略有積餘；三是基本培訓。員工培訓是對事業的負責和對職業的要求，也是員工的權利和義務，更是一種福利。應落實教育培訓，讓員工對分內工作的管理與操作得心應手；四是對真正困難又努力工作的員工加以慰問，激勵他們努力工作，走出困境。讓員工真正感受到「只要努力工作，生活就會充滿陽光」，促其努力奮進。

基層管理者培養員工忠誠職業的一些主要因素，概括起來說就是「五個C」：

Confidence，信心。信心代表著員工在事業中的精神狀態和把握工作的熱忱以及對自己能力的正確認識，在任何困難面前是否能首先相信自己

Competence，能力。能力是與自己所學的知識、工作的經驗、人生的閱歷和他人的傳授

相結合的。

Communication，溝通。在工作中掌握交流與交談的技巧至關重要。

Creation，創造。在這個不斷更新的年代，沒有創造性思維是行不通的，不能一味在傳統的理念裡停滯不前，要緊跟節奏，不斷在工作中注入新的想法和提出合乎邏輯的有創造性的建議。

Cooperation，合作。在任何工作單位裡，單靠個人的單槍匹馬的努力戰鬥，不依靠集體團結的力量，是不可能獲得真正的成功的。善於把大家的智慧匯合起來面對任何困難和挑戰，就將無往不勝。

讓員工學會先做最重要的事情

基層管理者培養員工的一個主要任務是把員工培養成這樣一些人：不必想著把所有事情都做完，清楚的知道什麼是必須做的事情，並按照事情的重要性排列，不必去顧及其他事情。第一件事做完後，再做第二件，依此類推；如果列出的事情沒有做完也沒關係，因為你已經把最重要的事情都做完了，剩下的事情以後再做。

因為有的員工在做事的時候總是貪多，總想一下子做成幾件事，這種追求面面俱到的做法，很容易一事無成。基層管理者必須教會員工分清：任何工作都有輕重緩急之分。只有分清哪些是最重要的，工作才會變得井井有條，忙而不亂。並告訴員工，你的職責就是做好自己的分內工作，讓員工在此基礎上，才能夠快速、準確、高效的完成上司交給的任務。這也是員工得到鍛鍊的一個重要途徑。

的確，每一個人生活在社會中，每天自然有許多需要做的事情，如果追求十全十美，就有可能拘泥於小事而無法正視大事，結果本末倒置。所以，基層管理者要讓員工學會在做一件事的時候，必須先弄清什麼事才是最重要的。

教授在桌上放了一個玻璃罐，然後拿出一袋鵝卵石放進罐子裡，他問學生：「這個罐子裝滿了嗎？」學生們異口同聲的回答：「滿了。」「真的嗎？」教授接著拿出一袋碎石子倒進罐子裡，再問學生：「這個罐子裝滿了嗎？」這次學生們猶疑的答道：「可能沒滿。」接著，教授再拿出一袋沙子，慢慢的倒進罐子裡，倒完後他問學生：「這個罐子是滿的，還是沒滿？」學生們學乖了，都回答：「沒有滿。」最後，教授拿出一大瓶水，倒進看起來已經被鵝卵石、碎石子、沙子填滿的罐子裡，然後問學生：「從這件事上我們學到了什麼？」一陣沉默後，一位學生回答說：「無論我們多忙，行程排得多滿，總是可以再擠出時間做更多的事。」教授聽完後，點了點頭，微笑著說道：「答得不錯，但這不是我要告訴你們的重點。

我想告訴大家的是，如果你不先將大石子放進罐子裡，也許以後就沒機會放進去了。」

培根說：「敏捷而有效率的工作，就要善於安排工作的次序，分配時間和選擇要點。只是要注意這種分配不可過於細密瑣碎，善於選擇要點就意味著節約時間，而不得要領的瞎忙等於亂放空炮。」基層管理者要教會員工養成把其注意力移轉到重要事實上的習慣，並根據這些重要事實來建造他的成功殿堂，使員工獲得一種強大的力量。

有的員工每天看起來都很忙，似乎總有做不完的事在等著他，於是一會兒做做這個，一會兒又做做那個，一天下來什麼事也沒有做好；有的人卻遇事從容不迫，把注意力放在重點的事情上，結果每件事都做得非常出色。顯然，集中精力與分散精力來做事，效果大不一樣。工作就好比一壺水，如果你想把壺裡的水燒開，就得注意它燒開的火候。否則，即便是把水燒到九十九度，那壺裡的水依然不是你想要的開水，只能叫做馬上要開的水。

鑽頭可以在短暫的時間裡鑽透厚厚的牆壁，或者是堅硬的岩層。為什麼一個小小鑽頭具有這麼大的威力？物理學解釋了其中的道理：同樣的力量集中於一點單位壓力就大，而集中在一個平面上，單位壓力就會減小無數倍。所以，攻其一點的謀略是解決問題的好辦法。

伯利恆鋼鐵公司總裁在查理斯・舒瓦普早年曾會見過效率專家艾・維利。會見時，艾・維利說自己能幫助舒瓦普把他的鋼鐵公司管理得更好。舒瓦普卻說：「應該做什麼，我們自己是清楚的。如果你能告訴我們如何更好的執行計畫，我聽你的，在合理範圍之內價錢由你定。」

艾・維利說，他可以在十分鐘內給舒瓦普一樣東西，這東西能把伯利恆鋼鐵公司的業績提高至少百分之五十。然後他遞給舒瓦普一張空白紙，說：「在這張紙上寫下你明天要做的六件最重要的事。」過了一會又說：「現在用數字標明每件事情對於你和你的公司的重要性次序。」這花了大約五分鐘。艾・維利接著說：「現在把這張紙放進口袋。明天早上第一件事是把紙條拿出來，作第一項。不要看其他的，只看第一項。著手辦第一件事，直至完成為止。然後用同樣方法對待第二項、第三項……直到你下班為止。如果你只做完前五件事，那不要緊，因為你總是做著最重要的事情。當你對這種方法的價值深信不疑之後，叫你公司的人也這樣做。」整個會見歷時不到半個鐘頭。

幾個星期後，舒瓦普寄給艾・維利一張萬美元的支票，還有一封信。信上說，從錢的觀點看，那是他一生中最有價值的一課。五年後，這個當年不為人知的小鋼鐵廠一躍而成為世界上最大的獨立鋼鐵廠，而原因，只不過是工廠的員工養成了把握住了「要事第一」的好習慣。

基層管理者要培養員工把工作看成是自己事業，培養出工作出色的下屬，培養成勤勞以工作為重的員工。但基層管理者必須讓員工明白，以工作為重和忙忙碌碌不能劃等號，二者之間有著本質的區別。有許多員工整天看上去都是一副匆匆忙忙的神態，但就其工作效果來看並不是十分的理想，有時甚至會搞成「一團糟」，越忙越亂。這是為什麼呢？首要的原因就是在日常工作中，分不清主次，找不到工作重點，沒有將最重要的工作放到首位。這樣一來，就會將自己想做的、上司交待做的以及自己周圍的一些事情統統混雜在一起，被拖得不可開交、疲於奔命，忙來忙去就是忙不出個「好」來。這是一個致命的問題，有時它或許會導致整個部門顆粒無收。

聞名世界的哈佛商學院，每年招收七百五十名兩年制的碩士研究生，三十名四年制的博士研究生和兩千名各類在職的經理進行學習和培訓。在他們的教學中，經常對學生講述一種很有效的做事方法：八十對二十法則。即任何工作，如果按價值順序排列，那麼總價值的百分之八十往往來源於百分之二十的項目。簡單的說，如果讓員工把所有必須做的工作，按重要程度分為十項的話，那麼只要把其中最重要的兩項做好，其餘的八項工作也就自然能比較順利的完成了。所以，管理者要讓員工學會把手中的事情處理好，就要拋開那些無足輕重的百分之八十的工作，把自己的時間、精力全部集中在那最有價值的百分之二十的工作中去，這會給你帶來意想不到的收穫。

對於每一名基層管理者來說，都應該讓員工學會運用這個方法，以重要的事情為主，先解決重要的問題，對於一些旁枝末節，可以大膽的捨棄。要知道，科學的取捨能夠幫助員工把事情做得更好。如果分不清輕重緩急，做事就會沒有計畫，就有可能錯過大好的機會。為什麼許多員工都在勤勤懇懇的做事，但結果卻不一樣呢？其中一個重要的原因是有的人缺乏洞悉事物輕重緩急的能力，做起事來毫無頭緒。

培養員工做事做到位

哪位基層管理者不想把員工培養成這樣的人：對待工作一絲不苟、精益求精，絕不會敷衍了事得過且過，更不會以次充好、藏奸做假。

要做就做好，要不然就別做。也許你也見過那些爛尾樓，耗費了大量的人力、物力和財力，到最後卻仍然不能竣工，不能讓人入住，讓人不由興嘆。這就是做事不到位的典型代表。職場中沒有捷徑，要培養員工做好自己的工作，管理者就必須付出百分百的努力！

有位著名的經濟學家做過這樣一個比喻：「如果讓一個日本員工每天擦六遍桌子，他們通常會一絲不苟的每天擦六遍。而中國的員工往往會第一天擦六遍，第二天還可以擦六遍，第三天就會擦五遍，第四天只擦四遍……這就是為什麼中國的企業引進了許多一流的設備而產品品質卻達不到原裝水準的原因，這也正是為什麼中國產品在歐美市場價格上不去的原因。」試想，對執行力打折扣，對管理者交待的工作偷工減料，最後能達到預期效果嗎？

法國馬賽有一名叫多梅爾的警官，為了追捕一名姦殺女童埃梅的罪犯，查了十幾公尺高的檔和檔案，踏遍四大洲，打了三十多萬次電話，調查範圍達八十多萬公里。多年來，由於他把全部心思都放在追捕上，結果兩任妻子都離他而去，他仍矢志不渝。經過五十二年漫長的追捕，終將罪犯捉拿歸案，去年，當他用手銬銬住兇手時，已經是七十三歲高齡。他興奮的說：「小埃梅可以瞑目了，我也可以退休了。」有記者問：「這樣值得嗎？」他回答說：「值得。因為我把這件事已經做到位了。」

基層管理者查以捫心自問一下，有多少人在工作中能把每件事情都能做到位的？如果員工不能夠做到，那你就是失職的管理者。做事就要做到位，這是每個員工做好工作的前提。世上又有哪個管理者喜歡一有機會就偷懶，工作總是偷工減料的員工？企業需要的是能夠把每件工作做到位的員工，連自己的工作都做不好的員工，這樣的基層管理者是最不稱職的：你沒把員工培養成做事到位的人。

比利時有一齣著名的基督受難舞台劇，演員辛齊格幾年如一日在劇中扮演受難的耶穌，他高超的演技與忘我的境界常常讓觀眾不覺得是在看演出，而似乎像真的看到了台上再生的耶穌。一天，一對遠道而來的夫婦，在演出結束之後來到後台，他們想見見扮演耶穌的演員辛齊格，並合影留念。合完影後，丈夫一回頭看見了靠在旁邊的巨大的木頭十字架，這正是辛齊格在舞台上背負的那個道具。丈夫一時興起，對一旁的妻子說：「你幫我照一張我背負十字架的照片吧。」於是，他走過去，想把十字架拿起來放到自己背上，但他費盡了全力，十字架仍紋絲未動，這時他才發現那個十字架根本不是道具，而是一個真正橡木做成的沉重的十字架。

在使盡了全力之後，那位先生不得不氣喘吁吁的放棄了。他站起身，一邊抹去額頭的汗水一邊對辛齊格說：「道具不是假的嗎，你為什麼要每天都扛著這麼重的東西演出呢？」辛齊格說：「如果感覺不到十字架的重量，我就演不好這個角色。在舞台上扮演耶穌是我的職業，和道具沒有關係。」

作為一名基層管理者，或許你此時在想：自己什麼時候能把手下的員工培養成如辛齊格一樣的員工？那你就好好努力把手下的員工培養成這樣的人吧。如果管理者能把員工培養成該工作做得和想做的工作一樣認真，那麼，他一定會成為一名優秀的管理者。

一個人應該永遠同時從事兩件工作：一件是目前所從事的工作；另一件則是真正想做的工作。如果把該做的工作做得和想做的工作一樣認真，那麼他也正是為將來而準備。這也是成為優秀員工的技巧。

一天，獵人帶著獵狗去打獵。獵人一槍擊中一隻兔子的後腿，受傷的兔子拚命的逃跑。獵狗在獵人的指示下也是飛奔而出，去追趕兔子。可是追著追著，兔子跑不見了，獵狗只好悻悻的回到獵人身邊，獵人開始罵獵狗了：「你真沒用，連一隻受傷的兔子都追不到。」獵狗聽了很不服氣的回答：「我盡力而為了呀。」再說兔子帶傷終於跑回洞裡，牠的兄弟們都圍過來驚訝的問它：「那隻獵狗很兇呀，你又帶了傷，怎麼跑得過牠的？」受傷的兔子回答道：「牠是盡力而為，我是全力以赴，牠沒追上我，最多挨一頓罵，而我若不付出全力的話我就沒命了！」

人本來是有很多潛能的，但是員工往往會對自己或對別人找藉口：「管他呢，我們已盡力而為了。」事實上盡力而為是遠遠不夠的，尤其是現在這個競爭激烈的年代。要常常問自己：「我今天是盡力而為的獵狗還是全力以赴的兔子呢？」

奇異公司的基層主管約尼桑，連續數年被公司評為最受推崇的基層管理者，他把奇異公司組裝隊由一個僵化的團體變成為公司「最具競爭力的組織」。約尼桑說：「你可以沒有經驗，但不可以眼裡沒有工作，每做一件事都要將它做到位。也唯有這樣，你才能成為公司的菁英！」

一次，約尼桑找一個部門的重要員工來開會，在約尼桑心中，這個員工雖然成績突出，但還可以表現得更好。約尼桑提出了自己的看法，但那位員工不大了解他的意思，只是一味的說：「請看看我的成績，看看我的工作環境，我的為人，我做的事。」約尼桑希望這位員工能明白，他只是希望這位員工對工作能做得再多一點，再投入一點，而不是視若無睹的忽略了很多細節，但這位員工仍是一頭霧水。

最後，約尼桑乾脆給他一個建議：「我要你做的，就是休假一個月，放下一切，等你再回來時，變得就像剛接下這個工作時一樣，眼裡有好多工作可以做，而不是像現在這樣已經做了四年了！」

基層管理者必須讓員工明白：每件事情都必須有一個期限，否則，會有多少時間就花掉多少時間。商界菁英鮑伯・費佛說：「一定要養成做事的迫切感，才會全力以赴。」是的，只有讓員工養成緊迫感，才會全力以赴，只有全力以赴，才能做得更優秀、更到位，更有機會成為你手下不可或缺的優秀員工。

電子書購買

爽讀 APP

國家圖書館出版品預行編目資料

從管理小白到領導大神，做個受人愛戴的小主管：小小主管心很累！不背鍋、不吃虧、不好欺負，小上司也要硬起來 / 楊仕昇，劉巨得 著 . -- 第一版 . -- 臺北市：沐燁文化事業有限公司，2024.09

面；　公分

POD 版

ISBN 978-626-7557-27-3(平裝)

1.CST: 管理者 2.CST: 企業領導 3.CST: 組織管理 4.CST: 職場成功法

494.2　　113012691

從管理小白到領導大神，做個受人愛戴的小主管：小小主管心很累！不背鍋、不吃虧、不好欺負，小上司也要硬起來

臉書

作　　者：楊仕昇，劉巨得

發 行 人：黃振庭

出 版 者：沐燁文化事業有限公司

發 行 者：沐燁文化事業有限公司

E-mail：sonbookservice@gmail.com

粉 絲 頁：https://www.facebook.com/sonbookss/

網　　址：https://sonbook.net/

地　　址：台北市中正區重慶南路一段 61 號 8 樓

8F., No.61, Sec. 1, Chongqing S. Rd., Zhongzheng Dist., Taipei City 100, Taiwan

電　　話：(02) 2370-3310　　傳　　真：(02) 2388-1990

印　　刷：京峯數位服務有限公司

律師顧問：廣華律師事務所 張珮琦律師

定　　價：399 元

發行日期：2024 年 09 月第一版

◎本書以 POD 印製